江苏某学院
共享型生产实训基地服务配套用房

建筑施工图

设计编号　　14004-3

徐州某设计研究院有限责任公司

XUZHOU ARCHITECTURAL DESIGNING & RESEARCH INSTITUTE

2015-04-10

图 纸 目 录 （建筑专业）

顾客名称:	江苏某学院	工程编号	14004-3
项目名称:	江苏某学院共享型生产实训基地服务配套用房	日 期	2015-04-10

序号	图 号	图 纸 名 称	图 幅	备 注
1	ZS-01	总平面定位图	A1	
2	JS-01	建筑设计总说明 消防专篇 室内装修表	A1	
3	JS-02	工程做法表 江苏省公共建筑施工图绿色设计专篇	A1	
4	JS-03	一层平面图	A1	
5	JS-04	二层平面图	A1	
6	JS-05	三层平面图	A1	
7	JS-06	四层平面图	A1	
8	JS-07	屋顶平面图	A1	
9	JS-08	①—⑩立面图 Ⓓ—Ⓐ立面图 Ⓐ—Ⓓ立面图	A1	
10	JS-09	⑩—①立面图 1—1剖面图 2—2剖面图	A1	
11	JS-10	楼梯一大样图	A1	
12	JS-11	楼梯二大样图	A1	
13	JS-12	卫生间大样图 节点大样图	A1	
14	JS-13	墙身大样图1	A1	
15	JS-14	墙身大样图2	A1	
16	JS-15	墙身大样图3	A1	
17	JS-16	门窗大样图	A1	

徐州市某设计研究院有限责任公司 XUZHOU ARCHITECTURE DESIGN & RESEARCH INSTITUTE	证书等级 甲 级	共1页
	证书编号 A132001782	第1页

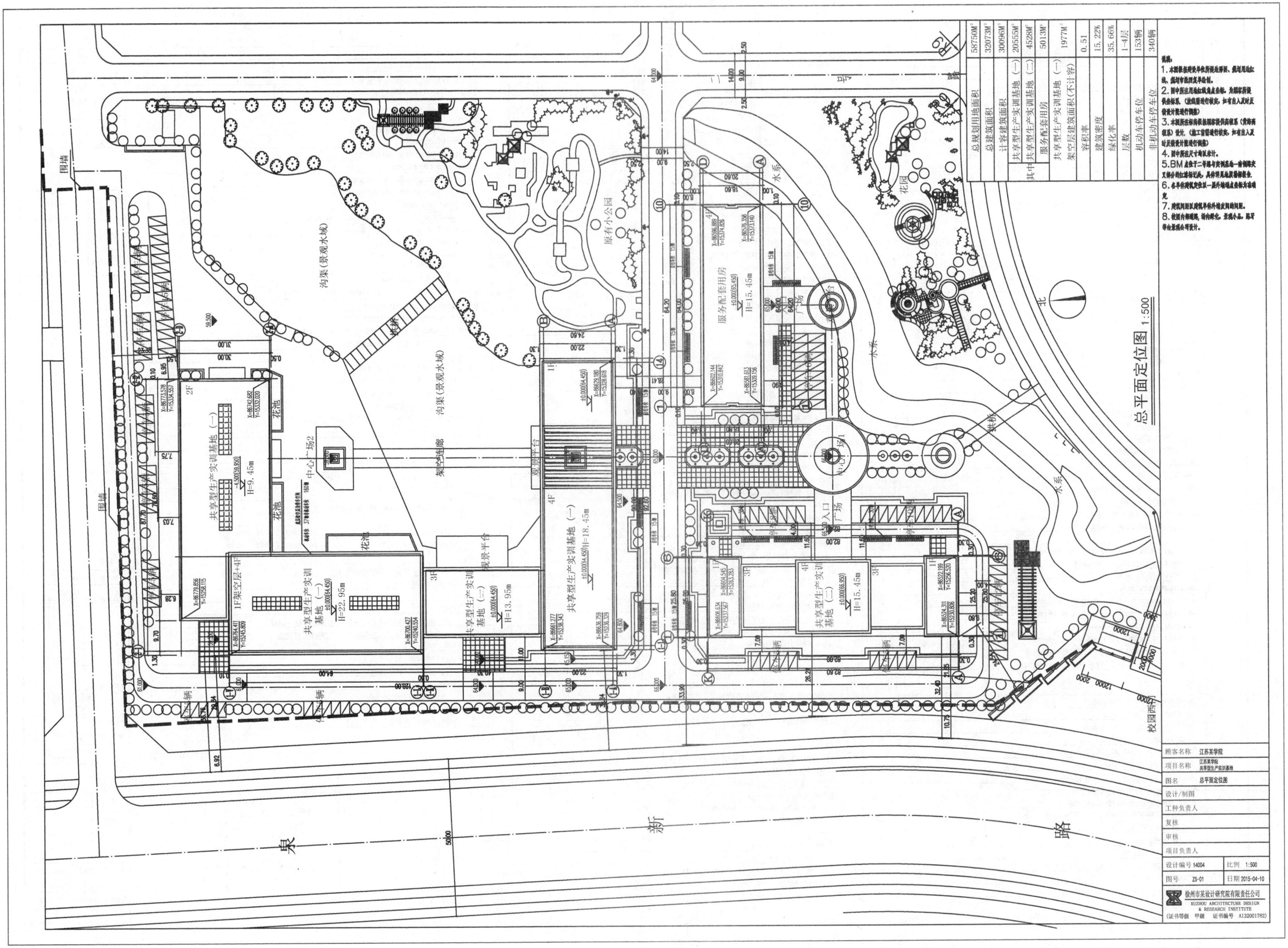
总平面定位图 1:500
总规划用地面积 58750M²
总建筑面积 32073M²
计容建筑面积 30096M²
其中 共享型生产实训基地（一） 20555M²
共享型生产实训基地（二） 4528M²
服务配套用房 5013M²
共享型生产实训基地（一）架空层建筑面积(不计容) 1977M²
容积率 0.51
建筑密度 15.22%
绿化率 35.66%
层数 1-4层
机动车停车位 153辆
非机动车停车位 340辆
说明：
1. 本图根据建设单位所提地形图、规划用地红线、规划审批回复单绘制。
2. 图中所注用地红线角点坐标，为国家所提供坐标系。(放线需进行核实，如有出入及时反馈设计院进行调整)
3. 本图所注标高根据国家提供高程系（黄海高程系）设计。(施工前需进行核实，如有出入及时反馈设计院进行调整)
4. 图中所注尺寸均以米计。
5. BM点位于二号路与实训基地一侧道路交叉部分的红路标记处，具体详见地质勘察报告。
6. 各单体建筑定位以一层外墙墙点坐标为准确定
7. 建筑间距以建筑单体外墙皮间的间距。
8. 校园内部道路、场内绿化、景观小品、路牙等由景观公司设计。
共享型生产实训基地（一） H=9.45m
共享型生产实训基地（一） 1F架空层+4F H=22.95m
共享型生产实训基地（一） H=13.95m
共享型生产实训基地（一） H=18.45m
服务配套用房 H=15.45m
共享型生产实训基地（二） H=15.45m
沟渠（景观水域）
原有小公园
中心广场2
中心广场1
入口广场
架空连廊
观景平台
花池
水系
花园
景桥
围墙
校园西门
泉 新 路
顾客名称 江苏某学院
项目名称 江苏某学院 共享型生产实训基地
图名 总平面定位图
设计/制图
工种负责人
复核
审核
项目负责人
设计编号 14004
比例 1:500
图号 ZS-01
日期 2015-04-10
徐州市某设计研究院有限责任公司
XUZHOU ARCHITECTURE DESIGN & RESEARCH INSTITUTE
(证书等级 甲级 证书编号 A132001782)

建筑设计总说明

一、工程概况

1、建筑名称：江苏某学院共享型生产实训基地服务配套用房
2、建筑地点：江苏某学院校园内西北角，泉新路东侧。
3、建设单位：江苏某学院
4、总建筑面积：5013.6 M2 ，地上建筑面积：5013.6 M2
5、建筑基底面积：1221 M2
6、建筑工程等级：二级
7、设计使用年限：(50年)
8、建筑层数和建筑高度：地上4层、无地下室，建筑高度15.450米
9、防火设计建筑分类及耐火等级：多层建筑 一级
10、屋面防水等级：二级（耐用年限15年）
11、建筑物抗震设防烈度：七度
12、结构类型：框架
13、建筑功能类型：办公建筑

二、设计依据

1. 经批准的本工程初步设计文件及建设方的意见。
2. 国家、省市相关技术规范（包含但不限于）
1)《民用建筑设计通则》(GB 50352-2005)
2)《建筑设计防火规范》(GB 50016-2014)
3)《办公建筑设计规范》(JGJ 67-2006)
4)《公共建筑节能设计标准》(DGJ32/J96-2010)
5)《建筑工程建筑面积计算规范》(GB/T 50353-2005)
6)《建筑工程设计文件编制深度规定》建设部2003年4月
7)《屋面工程技术规范》(GB50345-2012)
8)《无障碍设计规范》(GB50763-2012)
9)《地下工程防水技术规范》(GB50108-2008)

三、总则

1.本工程设计标高±0.000m相当于黄海高程65.450m，坐标位置详见总平面图。
2.本工程施工图所注尺寸，除总平面及标高以米为单位外，其余均以毫米为单位。
3.施工安装及质量验收均以图中标注尺寸为准，不得度量图纸。
4.有关施工安装和质量验收均应严格遵守国家现行的各项规范及规定。
5.本工程所选用的建筑材料及装修材料必须符合"民用建筑工程室内环境污染控制规范"GB50325-2001
6.本施工图须与结构、给排水、电气、空调和动力等有关专业图纸密切配合施工。
7.本说明未详尽之处严格按守国家和地方建筑行业标准执行。
8.施工中如需变更设计，必须征得设计院同意，并发设计变更通知，方可施工。
9.本工程需按《江苏省房屋建筑白蚁预防工程施工操作规程》要求做白蚁防治。

四、墙体

1.墙厚度除图中注明者外，±0.000以上外墙采用200厚煤矸石烧结空心砖，内墙采用200厚加气混凝土砌块。
2.所有填充墙其砌筑用料及锚固方法应严格按有关规定施工。墙体基层处理待确定墙材后定。
3.凡不同墙体交接处，加铺一层300宽1.0网孔(内墙0.7网孔)20X20钢丝网，以保证抹灰质量。
4.不到顶的非承重墙，砌筑用料及锚固方法详结构统一说明。
5.所有穿过墙体的管线，嵌入墙内的设备安装完毕后，须将洞口周边用C15细石混凝土堵塞密实。暗装于内墙上的消火栓背面加铺一层钢丝网再做墙体抹灰并粉刷，暗装于防火墙与外墙上的消火栓，背面须留100以上的厚度，不得穿透墙体。
6.砌体上留洞详建施图及设备专业图纸，施工时土建与设备安装工种应密切配合，做好预留，预埋。
7.卫生间、高低差屋面及外墙挑檐上部等有水房间墙根部做C30现浇混凝土带，高度不小于500，与楼板同时浇筑。
8.填充隔墙均砌至梁或板底，与结构框架柱及构造柱采用砼配筋带及拉筋进行连接，板带设于门，窗洞口的上部及下部；在较大洞口两侧，墙角交接处及墙端设置构造柱，间距2500~3000。施工楼面时，预留竖向配筋，具体配筋做法详见结施总说明。

五、楼地面

1.室内地面混凝土垫层须设置纵横伸缩缝（平头缝），细石混凝土地面面层设置分格缝，分格缝与垫层伸缩缝对齐，缝宽20毫米，内填沥青玛蹄脂。
2.水泥砂浆地面面层按具体情况分缝（缝宽5~8mm，用专用的嵌缝料嵌缝）。
3.凡室内经常有水房间（包括室外阳台和外走廊）应设地漏。楼地面用1:2.5水泥砂浆（掺3%防水粉）作不小于1%排水坡度坡向地漏。最薄处为15厚，地面最高点标高低于同层房间地面标高20。
4.建筑物四周应做散水，散水做法详见工程做法表，坡度3%纵向每12米做一道伸缩缝，散水与外墙设10宽缝，其缝内均填沥青砂浆。做法选用国家建筑标准通用图集，具体尺寸详见平面图。
5.除特殊注明者外，门外踏步坡道，混凝土垫层厚度做法同地面，面层材料采用烧毛石材。
6.建筑电缆井，管道井每层在楼板处做法按结构预留钢筋，待管道安装后用同样标号的砼封闭。
7.以建筑标高为完成面标高，结构标高未注明部分比建筑标高低50mm，屋层标注结构面标高。卫生间、阳台楼地面最高处比一般房间低50。
8.不同材料的楼地面可用水泥砂浆或找平层调整。
9.油漆：所有铁件（如栏杆，型钢构架等）均应：
1).除锈：如做喷砂除锈，除锈等级不低于Sa2 1/2级；如手工除锈，除锈等级不低于St3级；
2).涂刷铁红底漆1~2道；
3).再涂磁漆2~4道，涂层总厚度不小于150 UM；颜色另详单项设计。

六、屋面

1.凡女儿墙与坐标面的交接处，均应做柔性嵌缝，缝宽30，高度平屋面。嵌缝油膏可选用建筑防水油膏，其技术指标应符合规范有关规定。
2.基层与突出屋面结构（女儿墙、墙、天窗壁、变形缝、烟囱、管道等）的连接处，以及在基层的转角处（檐口、天沟、斜沟、水落口、屋脊等）水泥砂浆粉刷均应做成圆弧或钝角。
3.屋面刚性防水层应严格做好分格缝，在嵌油膏前基底务必做好清理工作，充分干燥。
4.在做屋面防水材料之前，所有出屋面的留孔留洞必须经核实无遗漏后方可施工。
5.屋面排水雨水口按给排水图选用国家标准图集相应的做法，屋面找坡坡向雨水口，雨水口位置及坡向详见给排水图及各层建筑屋顶平面图；
6.高屋面雨水排至低屋面时，应在雨水管下方屋面铺放一块490X490X30细石混凝土板
7.屋面、走廊、露台与墙身或女儿墙交接处，防水涂料沿墙反上400mm

七、门窗工程

1. 铝合金门窗、钢塑门窗选用系列、立面分格、开启形式、门窗框料颜色及玻璃规格详见门窗表及门窗大样，如有改动需与设计院协商
2. 铝合金门窗（包括玻璃幕墙）断面构造及技术要求（包括风压要求）由有相应资质的生产厂家按该厂铝型材系列规格和洞口的实际尺寸绘制加工图纸，其图纸应符合相关的普通铝合金门窗工程设计与施工规定，经我院设计人会同使用单位认可后方能施工。（其图纸内容还应包括玻璃幕墙的强度计算以及防火、防水和抗风构造）
3. 铝合金门窗框与墙体相连接处：用1:2中性膨胀低碱水泥砂浆填塞缝隙，然后在门窗框料与外墙面接触处用密封胶嵌缝。
4. 一般标准钢木门选用全国通用标准图集；高标准装修木门须选用硬木高级成品木门；
5. 立樘位置：
(1) 铝合金门窗立樘位置外墙处严格按外墙详图施工，内墙除图中有注明外均居中。
(2) 木门窗，塑钢门窗除注明者外，向开门窗立樘平开启方向墙粉刷面，外开门窗立樘位置见平面图，立樘平墙面粉刷者加贴脸；
6. 门窗小五金：凡选用标准门窗均应按标准图配置齐全，非标准门窗按设计指定品种规格配置。（由铝合金门窗生产厂家配备，并经设计单位认可）。
7. 铝合金门窗、钢门窗、玻璃幕墙一般为后安装施工，在建筑平、立、剖面图上标注的尺寸均为洞口尺寸，且施工时必须核实尺寸。
8. 需180度开启者应采用长脚铰链等配件，以保证开启后与墙面平齐。
9. 门窗预埋在墙或柱内的木铁构件，应做防腐，防锈处理。
10.幕墙、防火门，防盗门，卷闸门等特殊加工门窗埋件由厂家提供按要求预埋；
11.防火门均装闭门器（管井检修门除外），双扇防火门均装顺序器；常开防火门须有自行关闭和信号反馈装置。
12.管道井检修门定位与管道井外侧墙面平；凡未注明距楼，地面高度者为100高，做C15混凝土门槛，宽同墙厚。
13.防火卷帘：防火卷帘应安装在钢筋混凝土楼板、梁、柱等承重构件上，如无适当可靠承重构件，应由卷帘厂提供有关牢固构件支承。卷帘上部如不到顶，上面空间应用耐火极限为3小时的防火分隔封闭。
14.幕墙玻璃幕墙的设计、制作和安装应符合《玻璃幕墙工程技术规范》JGJ102-96的要求；金属与石材幕墙的设计、制作和安装应符合《金属与石材幕墙工程技术规范》JGJ33-2001、J113-2001的要求。
15.本工程的幕墙立面图仅表示立面形式、分格、开启方式、颜色和材质要求。其中玻璃部分 应执行《建筑玻璃应用技术规程》JGJ113，《建筑安全玻璃管理规定》发改运行 [2003]2116号.
16.幕墙工程的承包商应依据建筑设计，进行施工图二次设计，二次设计经确认后，及时向建筑设计单位提供预埋件和受力部位的详细资料，以便结构施工图中表达清楚，施工中及时预埋构件。
17.幕墙工程应满足防火墙两侧、窗间墙、窗坎墙的防火要求，同时应满足外围护结构的各项 物理、力学性能要求。
18.幕墙工程应配合土建、机电、擦窗设备、景观照明工程的各项要求。
19.须使用安全玻璃的部位按照国家《建筑安全玻璃管理规定》执行。建筑使用的安全玻璃应具有国家强制性产品认证标志"CCC"
20.所有窗的主要物理性均应满足有关规范要求： a.抗风压性能不低于4级 b.水密性能不小于3级 c.气密性能不低于6级
空气隔声性能大于30bd(A)，传热系数K≤4.0 W/ M².K
下列部位应使用安全玻璃：(1) 面积大于1.5平方米或玻璃底边离最终装修面小于500的落地窗；(2) 幕墙；(3) 建筑出入口及门厅外门； (4) 规范规定的其他部位。
21.幕墙外保温系统采用A级岩棉作为填充，做法详见节点详图。

八、装修工程

1、室外装修
1).外立面部分墙面采用外挂石材墙面，安装厚度参见平面及大样，保温系统与干挂石材之间的空腔在每层楼板处采用100厚防火材料封堵，材料同防火隔离带材料（岩棉板）。
2).填充墙与框架梁柱子交接处应加设φ1@20、300宽的钢丝网或玻璃纤维网格布抹灰；伸入长1M；
3).突出墙面的线脚、挑檐等上部与墙交接处做成小圆角并向外找坡大于等于2%，以利排水；门窗洞顶，窗台，雨篷，栏板压顶，线脚及类似构件，均应按施工规范做滴水或鹰嘴线。
4).外墙、花池、屋面等部位材料的具体颜色现场做样板再定；
2、内装修：
1).室内墙面、柱面粉刷部分的阳角和门洞口的阳角应用1：2水泥砂浆做护角，其高度不应低于2000，每侧宽度不小于50。
2).凡风道烟道竖井内壁砌筑灰缝需饱满，并随砌随原浆抹平，其余有检修门之管道井内壁做混合砂浆粉刷。
3).凡砖砌电梯井道内壁随砌随原浆抹光，钢筋混凝土电梯井不做粉刷。
4).所有埋入墙内，混凝土内的木制构件，均须涂刷防腐涂料。
5).墙面油漆须待抹灰基层干燥后方可进行。
6).有吊顶房间墙，柱，梁粉刷或装饰面仅做到吊顶标高以上100.
7).水池，水箱内壁均做20厚1:2水泥砂浆加5%防水剂， 面贴5厚白色瓷片.
8).厕所墙面离地1000高墙裙及地面涂高分子类防水涂料或做有机硅防水层，按产品技术要求施工.

十、其他

1. 本工程所有装饰材料颜色包括墙、楼地面，油漆等施工单位均应先做色板，经与设计单位使用单位商定后，方订货及大面积施工；
2. 凡踏墙、柱，楼地面之大理石材，磨光花岗石颜色及纹理须经皮排确定后方可施工；
3. 外露铁件均涂防锈漆一道，调和漆二道，面层颜色待定。
4. 给排水管，消防管，电缆线，空调管线按暗敷设置，本工程所有管道均藏于指定墙或吊顶内。各管线及设备施工时应严格按各专业图纸所示位置安装，图纸不详之处须与设计单位协商。
5. 本工程所有雨水管安装完毕后必须作灌水试验。
6. 凡食用水池内壁所用的防水材料必须经检验鉴定认为无毒方可施工，并需经蓄水化验水质符合卫生标准后方能使用。
7. 建筑物屋面应设避雷带（位置详见电气专业施工图）.
8. 各层雨水管水斗均用PVC制品，屋面雨水管直径为 ø 100.
9. 内排水雨水口及水落管参见苏J03-2006-50.
10.屋顶透气管出屋面参见苏J9503-3/44.
11.门口踏步及斜坡与道路衔接处，施工时应与该点道路路面同高.
12.楼梯栏杆高度1100，净距小于110，梯井宽度大于200时做防攀处理，靠井一侧水平扶手长度大于0.5米时栏杆高于1.1米.
13.本工程需按《江苏省房屋建筑白蚁预防工程施工操作规程》要求做白蚁防治.
14.消火栓、配电箱等留洞同墙厚者背面做钢板网再粉刷，网宽每边应大于洞口200.
15.楼板留洞待封堵：待设备管线安装完毕后，用C20细石混凝土封堵密实，管道竖井每层进行封堵。所有管井（送、排风竖井除外）在管线安装完毕后，在每层楼板处后浇钢筋砼作上下层防火分隔该处楼板应预留联接钢筋，后浇钢筋砼的厚度和配筋与相邻楼板相同。
16.本工程说明未详尽之处按建施图为准并应按国家现行有关规范、规程、规定执行.
17. 凡有玻璃、金属幕墙的，在每层楼板外侧均设耐火极限不低于1小时，高度不少于0.8m的岩棉板。其上下两端用防火胶封堵；幕墙龙骨和玻璃均做室内一面应增设防火隔热衬垫。
18. 竖向管道井隔层用配筋砼封堵，管道与套管之间用岩棉填塞密实。
19. 本工程外墙保温防火隔离带应遵守公安部住房和城乡建设部文件 '公通字[2009]46号' 以及公消[2011]65号

消防专篇

一：工程概况

本工程为江苏建筑职业技术学院共享型生产实训基地服务配套用房，建筑位于江苏建筑职业技术学院校园内西北角，泉新路东侧。

二：设计依据：

a《建筑设计防火规范规范》(GB 50016-2014) b《办公建筑设计规范》(JGJ 67-2006)
c《自动喷水灭火系统设计规范》GBJ84-85 d《民用建筑设计通则》GB 50352-2005

三：总平面设计：

1、主体一字形布局，建筑消防长度不大于150m，建筑周围四面均有扑救场地。
2、建筑组团设置环形消防车道详见总图。

四：建筑防火设计

1、防火分区：
一层~四层每层为一个防火分区，每个防火分区面积均小于2500平方米，每个防火分区有两个安全疏散出口。一层分区面积1221平方米，二层分区面积为1242.6平方米，三层分区面积为1337平方米，四层分区面积为1213平方米。
2、安全疏散
a、每个防火分区均保证有两个外部安全出口且大于5M，满足规范要求。
b、楼梯均直通室外与地下室由乙级防火门分开，楼梯宽度>1.2M
3、防火门的设置
楼梯间的门为乙级防火门，管道井的检查门为丙级防火门。
4、室内装修
装修材料采用不燃或难燃材料，符合国家消防规范。

室内装修表

层数	部位	楼地面	踢脚墙裙	内墙	顶棚
一层	门厅、电梯厅	楼1	踢2	内1	顶3
	楼梯间	楼2	踢2	内1	顶1
	卫生间	楼3	踢2	内2	顶2
二~四层	大空间办公室	楼2	踢2	内1	顶3
	电梯厅	楼1	踢2		顶3
	楼梯间	楼2	踢2	内1	顶1
	卫生间	楼3	踢2	内2	顶2

会签栏

方案	连仁强
总图	连仁强
建筑	连仁强
结构	张延林
给排水	时明
电气	张守领
暖通	韩聪

批准人

项目主持人/日期	孙祥
所长/日期	刘磊
院长/日期	孙祥

顾客名称 江苏某学院
项目名称 江苏某学院共享型生产实训基地服务配套用房

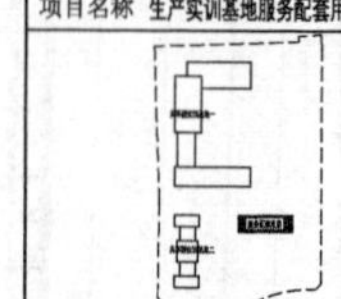

平面示意图

图名 建筑设计总说明 消防专篇 室内装修表

设计/制图	连仁强
工种负责人	韩寿林
复核	刘磊
审核	韩寿林
项目负责人	刘磊

设计编号14004-3 比例 1:100
图号 JS-01 日期 2015-04-10

徐州某设计研究院有限责任公司
XUZHOU ARCHITECTURE DESIGN & RESEARCH INSTITUTE
(证书等级 甲级 证书编号 A132001782)

工 程 做 法 表

分类	编号	名称	厚度(mm)	工程做法	使用部位及备注
地面	地面 1	[illegible]	190	① 10[illegible] ② [illegible] ③ 20厚 1：2[illegible] ④ [illegible] ⑤ 60厚 C15[illegible] ⑥ 100[illegible] ⑦[illegible]	除卫生间、洗手间地面 [illegible]
	地面 2	[illegible]	190	① 10[illegible] ② [illegible] ③ 20厚 1：2[illegible] ④ [illegible] ⑤ [illegible] 1.8mm厚 ⑥ 60厚 C15[illegible] ⑦ 100[illegible] ⑧[illegible]	卫生间、洗手间地面 [illegible]
楼面	楼面 1	[illegible]	50	① [illegible] 20厚[illegible] [illegible] ② [illegible] ③ 30厚 1:3[illegible] ④ [illegible] ;	用于一层门厅、[illegible]
	楼面 2	[illegible]	30	① 10[illegible] ② [illegible] ③ 20厚 1:3[illegible] ④ [illegible] ⑤ [illegible]	除卫生间楼面 [illegible]
	楼面 3	[illegible]	65	① 10[illegible] ② [illegible] ③ 5厚 1:1[illegible] ④ 30厚 C20[illegible] 1%[illegible] ⑤ [illegible] 1.8 ⑥ [illegible] ⑦ 20厚 1:3[illegible] ⑧ [illegible] 200[illegible] C20[illegible]	卫生间 [illegible] 20
内墙	内墙 1	[illegible]	17	① [illegible] ② 5厚 1：0.3：3[illegible] ③ 12厚 1：1：6[illegible] ④ [illegible]	[illegible]
	内墙 2	[illegible]	25	① 5[illegible] ② [illegible] ③ 6厚 1:2.5[illegible] ④ 12厚 1:3[illegible] ⑤ [illegible]	[illegible] 2700
	内墙 3	[illegible]	12	① 12厚 1：1：6[illegible]	[illegible]
外墙	外墙 1	[illegible]	90	①[illegible] ②10厚 1:2[illegible] ③5[illegible] ④3[illegible] ⑤[illegible] ⑥20厚 1:3[illegible] ⑦[illegible]	[illegible] 300[illegible]
	外墙 2	[illegible]	90	①[illegible] ②10厚 1:2[illegible] ③5[illegible] ④[illegible] ⑤3[illegible] ⑥20厚 1:3[illegible] ⑦[illegible]	[illegible] 300[illegible]
顶棚	顶棚 1	[illegible]	12	①6厚 1:2.5[illegible] ②6厚 1:3[illegible] ③[illegible]	
	顶棚 2	[illegible]		①0.5~0.8[illegible] ②[illegible] U50X19X0.5[illegible] 1200 ③[illegible] C60X30X1.5[illegible] 1200 ④[illegible] ⑤φ8[illegible] 1200 ⑥[illegible] φ6[illegible] 1200	[illegible] 2700

分类	编号	名称	厚度(mm)	工程做法	使用部位及备注
	[illegible] 3	[illegible]		①500X500[illegible] ②[illegible] ⊥25X22X1.3[illegible] 500 ③[illegible] 1000 ④[illegible] φ6[illegible] 1000	[illegible]
[illegible]	[illegible] 1	[illegible]	320	①[illegible] ②20厚 1:3[illegible] ③[illegible] ④100厚 C15[illegible] [illegible] 1% ⑤200[illegible] 1:3[illegible] ⑥[illegible]	[illegible]
屋面	屋面 1	[illegible]		①50厚 C20[illegible] φ4[illegible] @100[illegible] ②10厚 1:3[illegible] ③4厚 SBS[illegible] ④20厚 1:3[illegible] ⑤B1[illegible] ⑥3厚 SBS[illegible] ⑦20厚 1:3[illegible] ⑧40厚 1：8[illegible]	B1级 XPS[illegible] 500[illegible]
[illegible]				[illegible]	
其他	1	[illegible]		15厚 1:2.5[illegible] 50厚 2000[illegible]	用于内墙阳角
	2	[illegible]		150[illegible] J01-2005-7/29	用于室内
	3	[illegible]		[illegible] J33-2008-59	用于东、西、南向外窗
	4	[illegible]		[illegible] 02J121-1-A[illegible] [illegible] 02J121-1-4/A6, [illegible] 02J121-1-1/A7 [illegible] 02J121-1-1、2、3/A9	
	5	外墙保温防火构造		外墙 外墙保温材料燃烧性能为 A级. 屋面 屋面保温材料燃烧性能为 B1级.	
	6	施工应遵守		1、《建筑地面工程施工质量验收规范》 GB50209-2002 2、《建筑装饰装修工程质量验收规范》 GB50210-2001 3、《民用建筑工程室内环境污染控制规范》 GB50325-2001	

江苏省公共建筑施工图绿色设计专篇

一. 项目名称:

本次项目为江苏建筑职业技术学院共享型生产实训基地服务配套用房。

二. 项目概况:

所在城市	气候分区	建筑性质	建筑面积(m²)	停车库建筑面积(m²)	建筑高度(m)	建筑层数	结构形式	绿色星级目标	建筑类别	节能水平	利用可再生能源种类
徐州	□ 夏热冬冷 ☑ 寒冷	教学	4885.68	—	15.45	地上四层	框架	二星	☑ 甲类 □ 乙类	☑ 65% □ 50%	□太阳能光热 □地源热泵 □太阳能光伏 □____

三. 设计依据:

1.《江苏省绿色建筑设计标准》DGJ32/T 173-2014
2.《绿色建筑评价标准》GB/T 50378-2014
3.《民用建筑绿色设计规范》JGJ/T 229-2010
4.《民用建筑热工设计规范》GB50176-93
5.江苏省《公共建筑节能设计标准》DGJ32/J 96-2010
6.《江苏省绿色建筑施工图设计文件编制深度规定》<2014年版>
7.当地城市规划主管部门的批文: ______________________
8.国家、省、市现行的相关法律、法规其他相关标准和规定

四. 场地规划与室外环境:

1.主要技术经济指标

1). 总用地面积: 58750M²，总建筑面积: 30096.6M²（其中: 地下建筑面积: 0 M²，地上建筑面积 30096.6 M²）。
建筑密度 15.2%，容积率 0.51，绿地率 35.6%。

2). 地下建筑面积与建设用地面积之比 ／，地下一层建筑面积与建设用地面积比率 ／%。

3). 机动车停车数 153（地上停车数 153、地下停车数 0），停车方式 普通停车。
非机动车停车数 340，停车方式 普通停车。

2.本项目场地内无超标排放的污染源。
3.场地内无障碍停车位 2 辆，占总停车位比例 1.3%，无障碍停车位位于 实训基地二东侧停车场。
4.场地内道路系统便捷顺畅，满足消防、救护及减灾救灾等要求。
5.景观环境设计应符合下列要求:

1). 停车场、人行通道和广场应种植高大乔木提供遮阳，机动车停车场遮阴率不应小于20%，室外非机动车停车场应设置遮阳遮雨措施。
2). 场地内应结合绿化景观设计完善步行道系统，提供配套的休憩措施，并综合考虑遮荫、排水要求。
3). 人行通道应安全、舒适，满足无障碍设计要求，且与场地外人行通道无障碍连通。
4). 室外硬质铺装地面中透水铺装率不应小于50%，透水铺装垫层应采用透水构造做法；室外机动车停车场采用植草砖做透水地面时，镂空面积比不应低于40%。
5). 景观绿地设计应以乡土植物开发利用为主，兼顾引种，丰富城市绿地系统树种多样性，本地植物种树不宜低于70%。
6). 根据植物的生态习性进行多种植物的合理配植；种植应当适应当地气候和土壤条件的植物，采用乔、灌、草结合的复层绿化；绿化用地内绿化覆盖率应大于70%。

五. 建筑设计与室内环境:

1.主要功能空间的外墙、隔墙、楼板和门窗的隔声性能:

房间名称	构件名称	空气声隔声性能 设计值(dB)	空气声隔声性能 标准限值(dB)	楼板撞击声隔声性能 设计值(dB)	楼板撞击声隔声性能 标准限值(dB)	主要隔声材料及构造
	外墙	46	45	／	／	岩棉板+煤矸石烧结空心砖
	隔墙	47	45	／	／	墙面抹灰+加气混凝土砌块
	楼板	46	45	74	75	楼面抹灰+120厚钢筋混凝土楼板
	外门窗	21	20	／	／	6+12A+6断热铝合金低辐射中空玻璃窗+成品木门

2.主要房间室内允许的噪声等级符合《民用建筑隔声设计规范》GB50118-2010的要求。
3.项目应进行专项声学设计的空间:（如观众厅、大型会议室、多功能厅等）
4.本项目产生较大噪声的设备机房（如水泵房、风机房、电梯机房、空调机房等）未与有安静要求的空间相邻布置
5.本项目根据《民用建筑工程室内环境污染控制规范》GB50325-2010（2013年版）为 □ I ☑ II类民用建筑工程。建筑材料及装修材料应符合现行《民用建筑工程室内环境污染控制规范》GB50325-2010（2013年版）的相关规定。
室内空气中甲醛、苯、氨、氡和TVOC五类空气污染物应满足下列要求:

污染物名称	I类民用建筑工程的限值	II类民用建筑工程的限值	备注
甲醛 (mg/m³)	≤0.08	≤0.10	
苯 (mg/m³)	≤0.09	≤0.09	
氨 (mg/m³)	≤0.20	≤0.20	
氡 (mg/m³)	≤200	≤400	
TVOC (mg/m³)	≤0.50	≤0.60	

6.本项目吸烟室、复印室、打印室、垃圾间、清洁间等产生异味或污染物的房间均设有封闭的隔墙或门形成独立空间。
7.本项目汽车库排风口设置详见图纸 ／ 。
8.建筑装饰装修设计时，不得破坏建筑结构主体。
9.建筑材料的选用符合国家和江苏省的相关规定，未采用限制、禁止使用和淘汰的建筑材料。

六. 建筑节能:

1.基本情况:

气候分区	建筑类别	节能水平	体形系数	建筑面积(m²)	空调形式	集中采暖空调面积	利用可再生能源种类	节能计算方法	节能计算软件
寒冷	☑ 甲类 □ 乙类	☑ 65% □ 50%	0.25	4885	☑ 集中 □ 分体	4885	无	☑ 规定性指标 □ 性能性指标	PKPM

2.建筑物围护结构热工性能（详表1、表2、表3、表4）

表1: 屋面、外墙、架空楼板、分隔非采暖空调房间与采暖空调房间的隔墙和楼板的热工性能

围护结构部位		名称	干密度(Kg/m³)	厚度(mm)	导热系数 λ[(W/m.K)]	修正系数α	燃烧性能等级	传热系数 W/(m².K) 设计值	传热系数 规范限值	屋面基层及墙体材料	备注
屋面	屋面1（坡屋面）	挤塑聚苯板(XPS)	30	80	0.03	1.25	B1	0.41	≤0.45	钢筋混凝土	
外墙	外墙1（使用部位）	岩棉板	140	70	0.04	1.20	A	0.49	≤0.50	煤矸石烧结空心砖	
	热桥柱（使用部位）	岩棉板	140	70	0.04	1.20	A	0.51	≤0.50	钢筋混凝土	
	热桥梁	岩棉板	140	70	0.04	1.20	A	0.51	≤0.50	钢筋混凝土	
	热桥过梁	岩棉板	140	70	0.04	1.20	A	0.56	≤0.50	钢筋混凝土	
	热桥楼板	岩棉板	140	70	0.04	1.20	A	0.58	≤0.50	钢筋混凝土	
外墙加权平均值								0.50	≤0.50		
底面接触室外空气的架空层或外挑楼板		岩棉板	140	85	0.04	1.20	A	0.49	≤0.50	钢筋混凝土	
非采暖空调房间与采暖空调房间的隔墙		ALC加气混凝土砌块	600	200	0.20	1.35	A	0.98	≤1.20	加气混凝土砌块	
非采暖空调房间与采暖空调房间的楼板		岩棉板	140	40	0.04	1.20	A	0.85	≤1.20	钢筋混凝土	

经计算本工程屋面、外墙热桥部位的冬季内表面温度均不低于露点温度，其热阻值分别为 2.46 (m².K)/W、1.65 (m².K)/W。

表2: 地面和地下室外墙热工性能:

围护结构部位	名称(部位)	干密度(Kg/m³)	厚度(mm)	导热系数 λ[(W/m.K)]	修正系数α	燃烧性能等级	热阻R (m².K)/W 设计值	热阻R 规范限值	基层材料	备注
地面	水泥基无机矿物轻集料保温砂浆	450	40	0.085	1.00	A	0.61	≤1.50	钢筋混凝土	
采暖空调地下室地面	无									
地上采暖空调房间的地下室顶板	无									
采暖空调地下室外墙（与土壤接触的外墙）	无									

表3: 外窗（包括透明幕墙）的热工性能:

朝向	窗框（幕墙型材）	玻璃	遮阳形式	窗墙面积比（天窗屋面比） 设计值	窗墙面积比 规范限值	传热系数 W/(m².K) 设计值	传热系数 规范限值	遮阳系数SC 设计值	遮阳系数SC 规范限值
东向	断热铝合金Low-E	6+12a+6	水平外遮阳	0.02	<0.7	2.4	≤3.0	0.25	0.60
南向	断热铝合金Low-E	6+12a+6	水平外遮阳	0.26	<0.7	2.4	≤2.7	0.26	0.70
西向	断热铝合金Low-E	6+12a+6	水平外遮阳	0.02	<0.7	2.4	≤3.0	0.28	0.60
北向	断热铝合金Low-E	6+12a+6	水平外遮阳	0.40	<0.7	2.4	≤2.5	0.34	0.70
天窗	无								

注: 本工程外窗为铝型材单框断热桥中空Low-E玻璃窗，厚度6+12A+6传热系数2.4。

表4: 外窗（包括透明幕墙）的可见光透射比、可开启面积比、幕墙可见光反射比、耐火完整性:

朝向	玻璃可见光透射比 设计值	玻璃可见光透射比 规范限值	外窗可开启面积比 设计值	外窗可开启面积比 规范限值	幕墙可开启面积比 设计值	幕墙可开启面积比 规范限值	幕墙可见光反射比 设计值	幕墙可见光反射比 规范限值	*耐火完整性(h) 设计值	*耐火完整性(h) 规范限值	备注
东向	0.4	≥0.4	0.5	0.3	无	10%(5%)	0.2	0.2	0.5	0.5	玻璃幕墙开启面积比5%的限值用于10层及其以上的楼层；玻璃幕墙的开启面积不足时，设置通风换气装置
南向	0.4	≥0.4	0.5	0.3	32%	10%(5%)	0.2	0.2	0.5	0.5	
西向	0.4	≥0.4	0.5	0.3	无	10%(5%)	0.2	0.2	0.5	0.5	
北向	0.4	≥0.4	0.5	0.3	28.7%	10%(5%)	0.2	0.2	0.5	0.5	

注: *项为外墙保温按《建筑设计防火规范》GB50016-2014第6.7.7调规定采用B1、B2级材料时，外门窗耐火完整性不应低于0.5h，采用A级材料时无此要求。
本项目外门窗气密性不低于《建筑外门窗气密、水密、抗风压性能分级检测方法》GB/T7106-2008规定的6级。
本项目幕墙气密性不低于《建筑幕墙》GB/T21086-2007规定的____级。

3.可再生能源的利用

1). 本项目□有☑无 太阳能热水供应系统，使用____辅助能源，供热水量____m²/d，占建筑生活热水总量的____%。太阳能集热器位置:____。太阳能热水系统应符合《民用建筑太阳能热水系统应用技术规范》GB50364-2005、江苏省《建筑太阳能热水系统设计、安装与验收规范》DGJ32/J08-2008的要求。
2). 本项目□有☑无 地源热泵空调系统，承担采暖空调负荷的比例为____%。地源热泵空调系统应符合《地源热泵系统工程技术规范》GB50366-2009、江苏省《地源热泵系统工程技术规程》DGJ32/TJ89-2009的要求。
3). 本项目□有☑无 太阳能光伏发电□有☑无 光诱导系统，其总功率为建筑物总变压器装机容量的____%。太阳能光伏系统应符合《民用建筑太阳能光伏系统应用技术规范》JGJ203-2010、江苏省《太阳能光伏与建筑一体化应用技术规程》DGJ32/J87-2009的要求。
4). 其他__________。

4.权衡判断

本工程因采暖、空调地下室地面的传热阻值不满足《江苏省公共建筑节能设计标准》(DGJ32/J96-2010)第3.4.1条表3.4.1-3的标准要求不符合规定性指标而进行权衡判断。

全年采暖和空气调节能耗(kwh/m²)	设计建筑	参照建筑	结论
	89.14	92.21	满足 65%节能标准

5.其他

1). 本项目采用岩棉板外保温系统应符合公共建筑节能标准的要求。
2). 本项目采用外遮阳系统应符合江苏省《建筑外遮阳工程技术规程》DGJ32/J123-2011的要求（根据是否设置外遮阳增删）。
3). 本项目并列集中设置的多台电梯应具有集中调度和群控功能；自动扶梯、自动人行坡道应具有节能拖动和节能控制装置。
4). 绿色建筑的施工应符合国家、江苏省有关施工验收规程的要求。
5). ……

6.节能构造节点详图或引用图集

节能构造详图及保温板固定措施详国标10J121外墙外保温建筑构造图集A1型
无机类保温保温板材应当采用满粘法粘结。有机类板材粘结面积应当比规范要求再提高10%，涂料饰面不低于50%，
1.勒脚参见10J121-H-1-5; 2.女儿墙参见10J121-H-3-1; 3.窗口参见10J121-A-6;
4.外墙变形缝参见10J121-H-9-1; 5.水平外遮阳参见铝合金折叠百叶遮阳参见苏J33-2008-29;
6.外墙变形缝参见10J121-H-9-1; 7.门窗抗风压4级，水密性3级，气密性6级，保温性能6级，隔声性能2级
8.岩棉板按徐建发（2013）115号文的要求采取满粘法粘结，采用具有防水功能的砂浆做找平层，板材厚度达3cm时，宜每两层设置一道托架或挑板板材厚度达4cm时，宜每层设置托架或挑板，详见岩棉板外墙保温做法参照苏JG/T 046-2012外墙外保温系统应用技术规程做法施工。
9.外墙保温应采用具有防水功能的砂浆作为找平层，按苏公通（2012）671号文件设置防护层
注: 屋面周边做500宽水泥发泡板（A级）防火隔离带。

顾客名称	江苏某学院
项目名称	江苏某学院共享型生产实训基地服务配套用房
平面示意	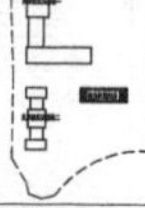
图名	工程做法表 江苏省公共建筑施工图绿色设计专篇
设计/制图	
工种负责人	
复核	
审核	
项目负责人	
设计编号 14004-3	比例 1:100
图号 JS-02	日期 2015-04-10

徐州某设计研究院有限责任公司
XUZHOU ARCHITECTURE DESIGN & RESEARCH INSTITUTE
(证书等级 甲级 证书编号 A132001782)

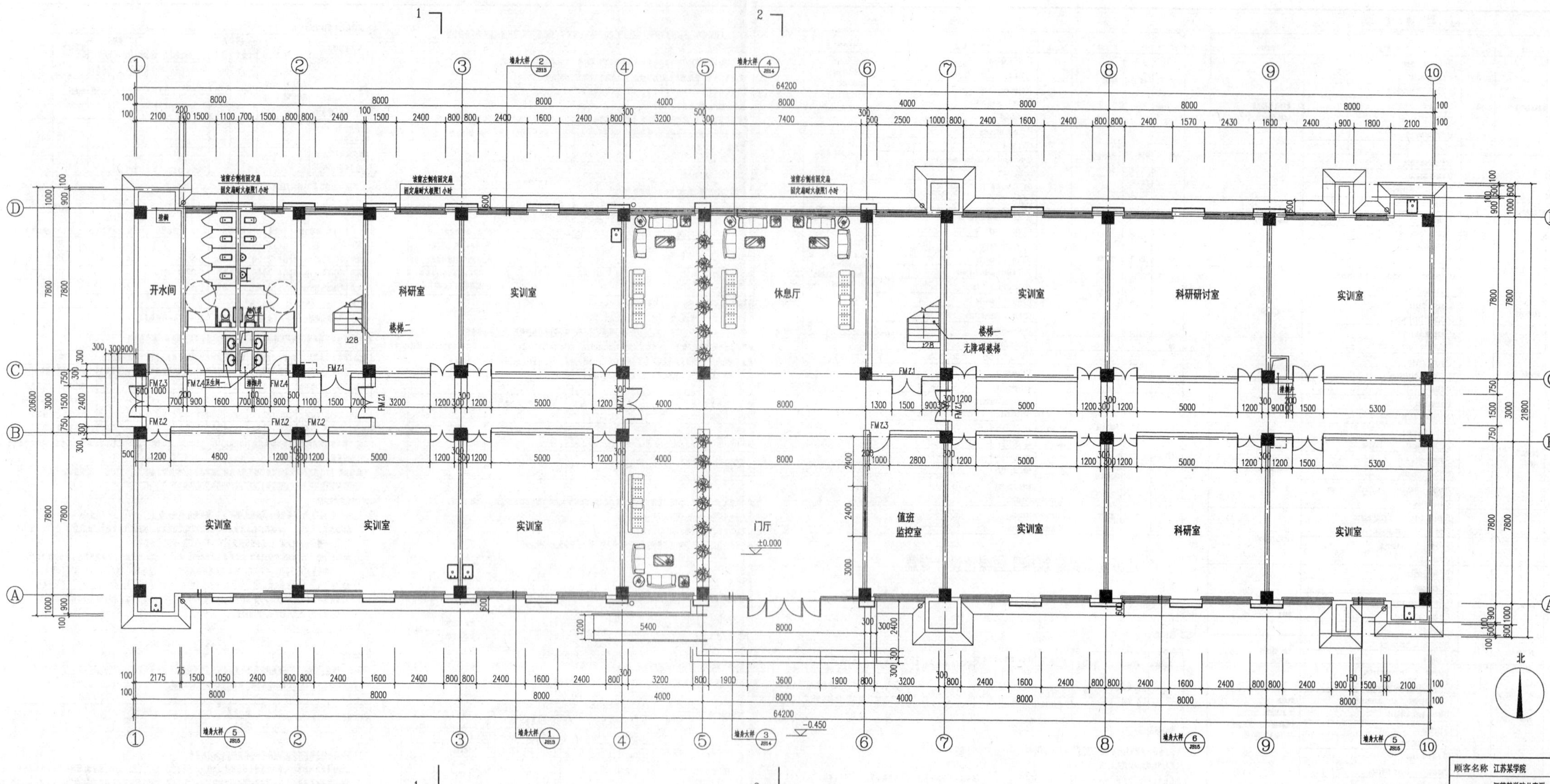

说明 ：

1.外墙均采用煤矸石烧结空心砖 内墙为混凝土加气砌块墙体除注明外厚度均为 200;100 墙为后砌墙． 轴线除另注明外均居墙中；未注明门垛 100，未注明门洞高 2200.

2.框架柱布置详结构图．

3.卫生间标高均比相邻楼地面标高低 20. 卫生间地面均向地漏以 1% 找坡 ．

4.室外台阶做法详见苏 08-2006-39-4. 台阶挡墙做法详见苏J08-2006-37-A. 高为1100.

5.散水做法参见苏J08-2006-29-2.

6.坡道做法参见苏J08-2006-35-5.

7.大便间隔断安装详苏J06-2006-26.

8.小便器安装详苏J06-2006-33.

9.地漏．蹲便器安装详苏J06-2006-33.

10.洗脸盆安装参苏J06-2006-38.

11.厕所无障碍设计详见 03J926-65C 型，坐便器安全抓杆详 03J926-81-1，洗脸盆全抓杆详 03J926-91.

一层平面图 1:100

总建筑面积5013.6㎡

本层建筑面积：1221㎡

顾客名称	江苏某学院
项目名称	江苏某学院共享型生产实训基地服务配套用房
平面示意	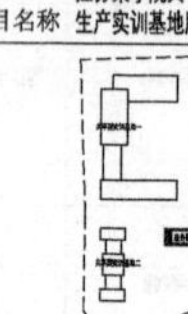
图名	一层平面图
设计/制图	
工种负责人	
复核	
审核	
项目负责人	
设计编号 14004-3	比例 1:100
图号 JS-03	日期 2015-04-10

徐州某设计研究院有限责任公司
XUZHOU ARCHITECTURE DESIGN & RESEARCH INSTITUTE
(证书等级 甲级 证书编号 A132001782)

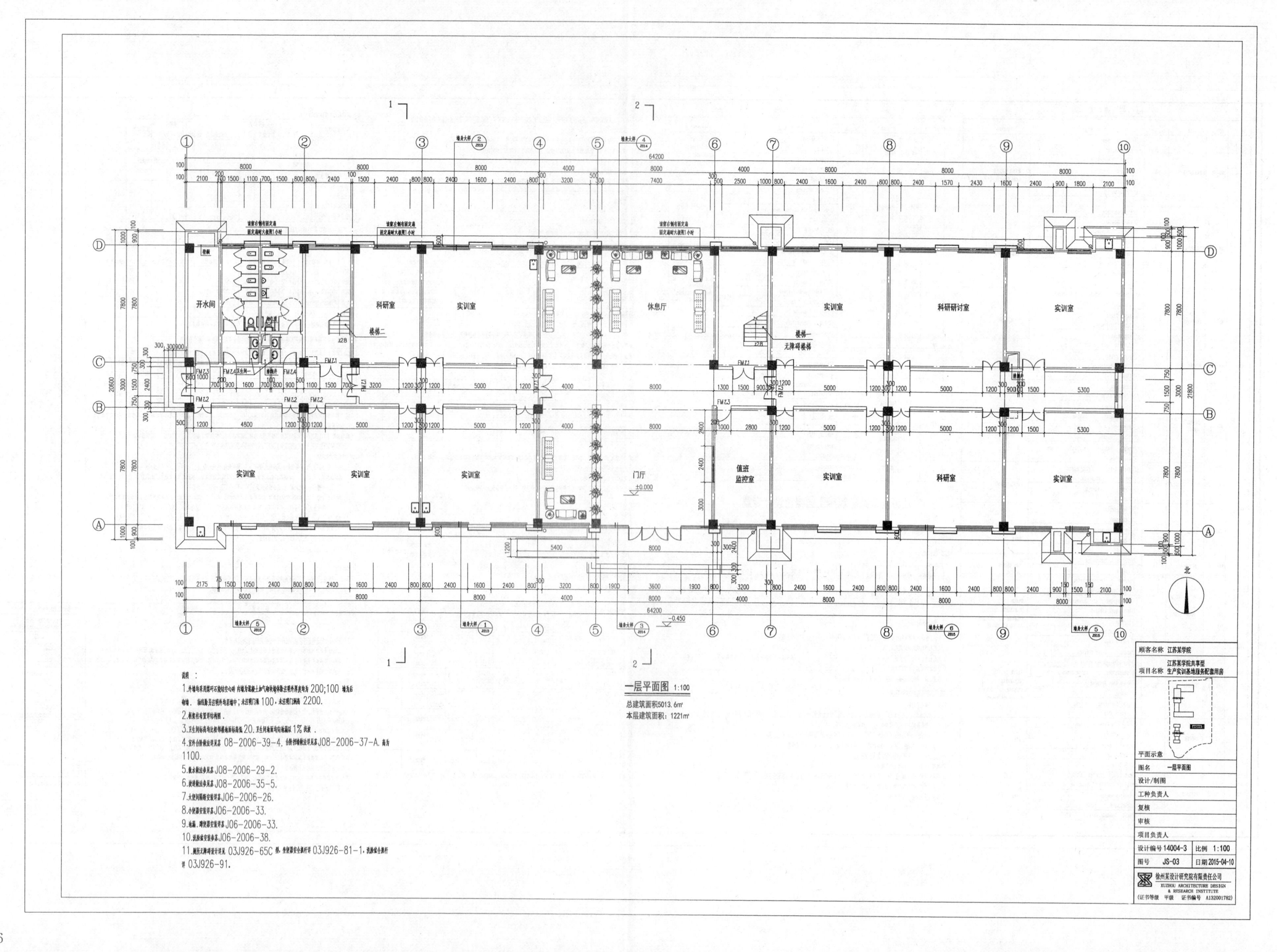

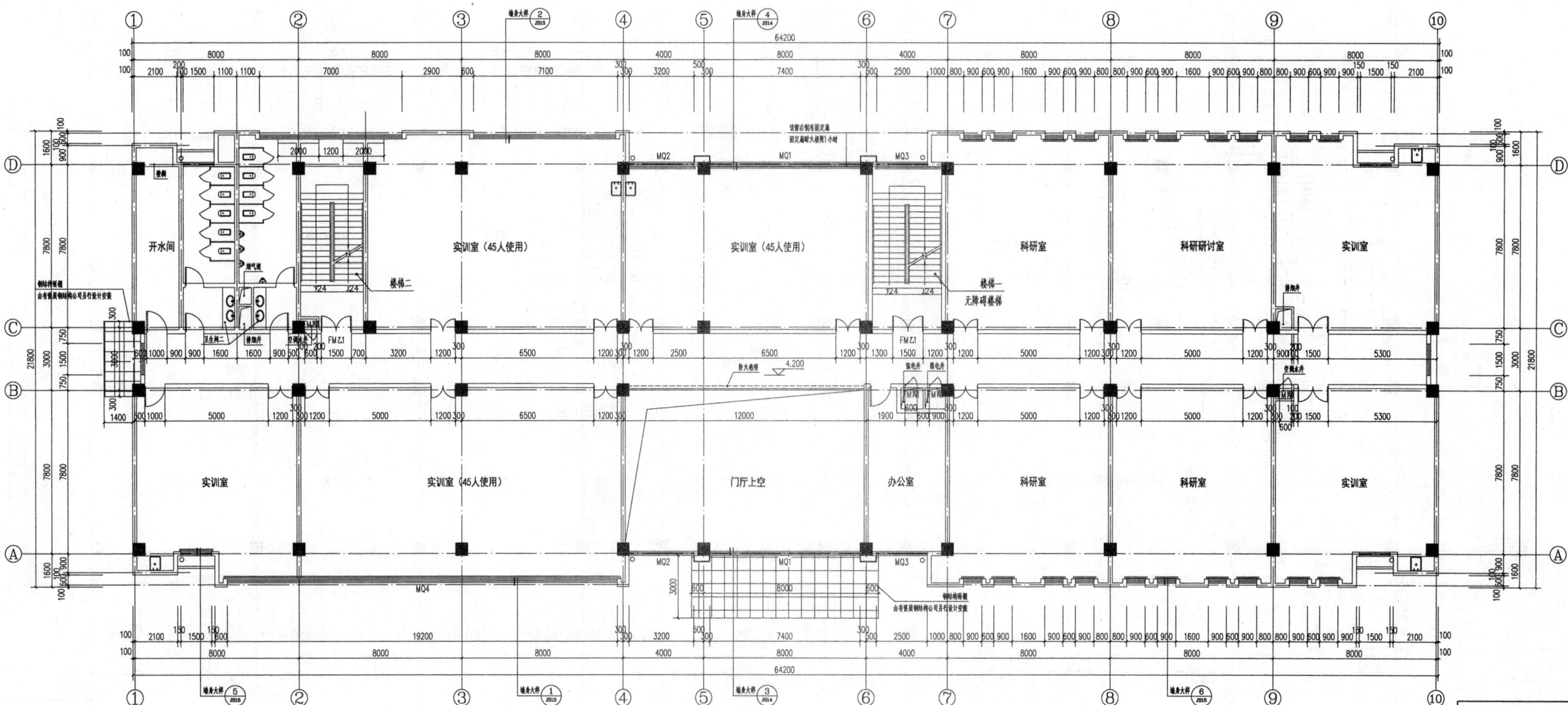

说明：

1.外墙均采用煤矸石烧结空心砖 内墙为混凝土加气砌块;填除注明外厚度均为 200;100 墙为后砌墙．轴线除另注明外均居墙中； 未注明门垛 100，未注明门洞高 2200.

2.框架柱布置详结构图．

3.卫生间标高均比相邻楼地面标高低 20. 卫生间地面均向地漏以 1% 找坡．

4.大便间隔断安装详苏 J06-2006-26.

5.小便器安装详苏 J06-2006-33.

6.地漏．蹲便器安装详苏 J06-2006-33.

7.洗脸盆安装参苏 J06-2006-38.

8.厕所无障碍设计详见 03J926-65C 型，坐便器安全抓杆详 03J926-81-1，洗脸盆全抓杆详 03J926-91.

9.雨棚均为钢结构雨棚. 由有资质钢结构公司另行设计安装.

二层平面图 1:100

本层建筑面积：1242.6㎡

顾客名称	江苏某学院		
项目名称	江苏某学院共享型生产实训基地服务配套用房		
平面示意	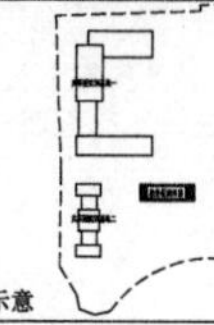		
图名	二层平面图		
设计/制图			
工种负责人			
复核			
审核			
项目负责人			
设计编号	14004-3	比例	1:100
图号	JS-04	日期	2015-04-10

徐州某设计研究院有限责任公司
XUZHOU ARCHITECTURE DESIGN & RESEARCH INSTITUTE
(证书等级 甲级 证书编号 A132001782)

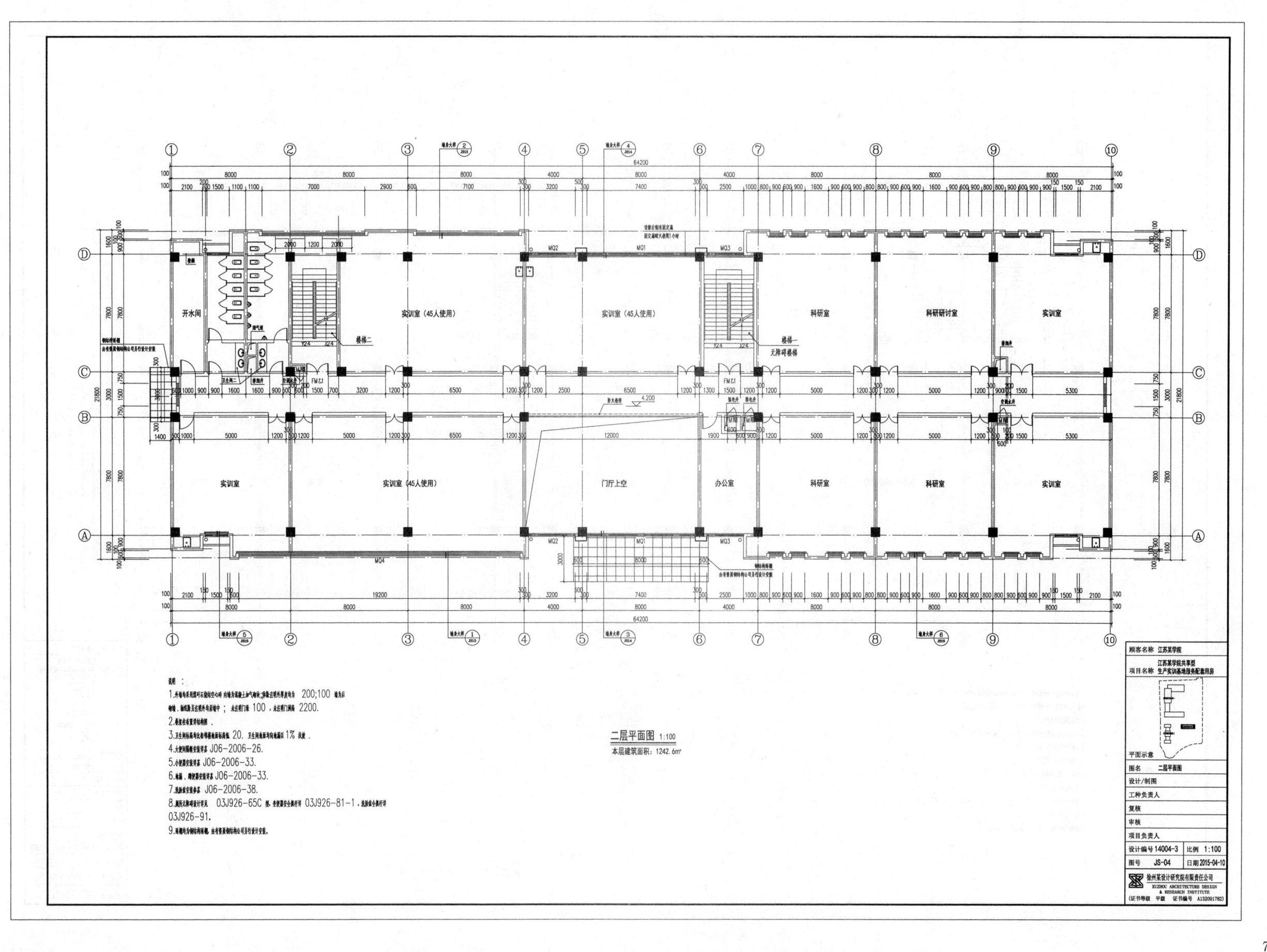

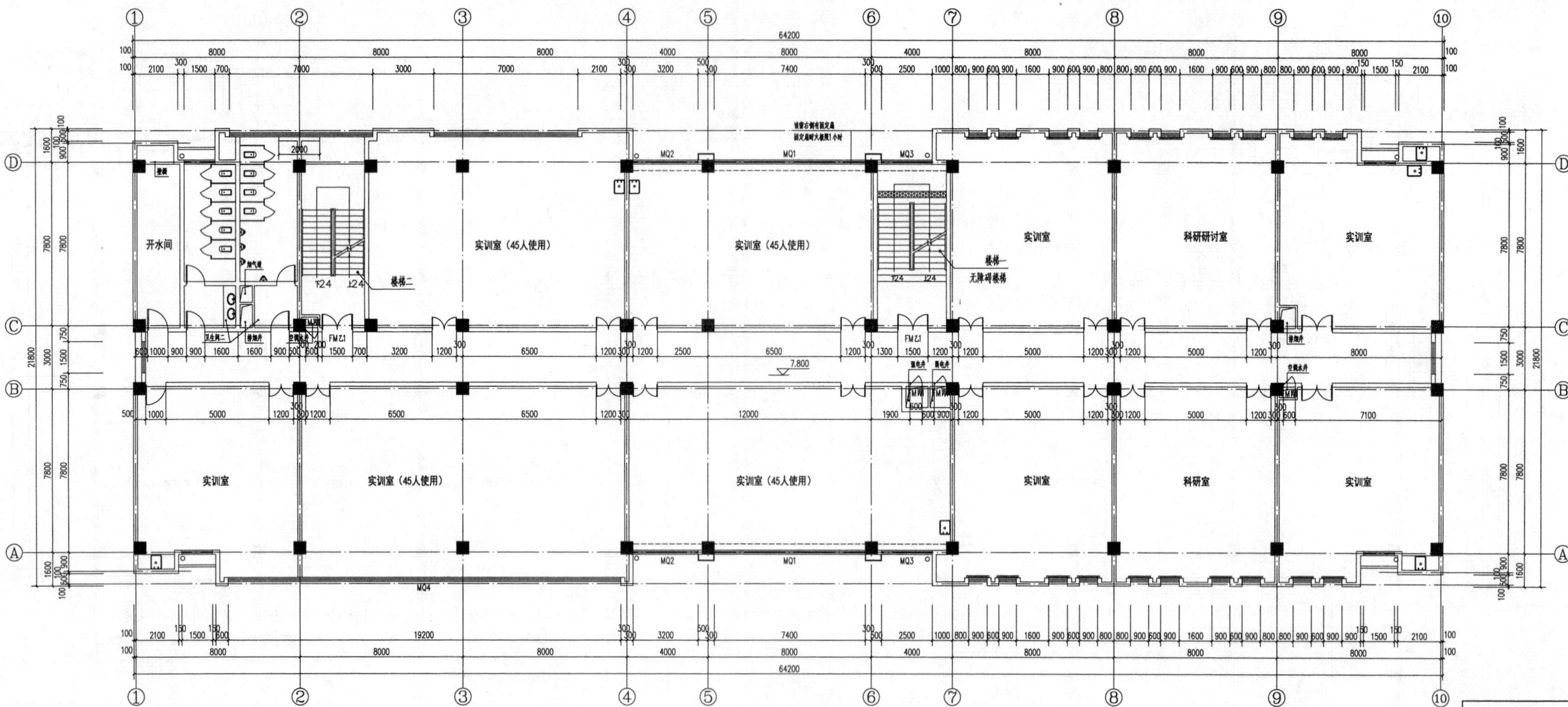

说明：

1.外墙均采用煤矸石烧结空心砖；内墙为混凝土加气砌块墙体除注明外厚度均为 200;100 墙为后砌墙 .轴线除另注明外均居墙中；未注明门垛 100，未注明门洞高 2200.
2.框架柱布置详结构图 .
3.卫生间标高均比相邻楼地面标高低 20. 卫生间地面均向地漏以 1% 找坡 .
4.大便间隔断安装详苏 J06-2006-26.
5.小便器安装详苏 J06-2006-33.
6.地漏 .蹲便器安装详苏 J06-2006-33.
7.洗脸盆安装参苏 J06-2006-38.
8.厕所无障碍设计详见 03J926-65C 型，坐便器安全抓杆详 03J926-81-1，洗脸盆全抓杆详 03J926-91.
9.雨棚均为钢结构雨棚，由有资质钢结构公司另行设计安装。

三层平面图 1:100

本层建筑面积：1337㎡

顾客名称	江苏某学院
项目名称	江苏某学院共享型生产实训基地服务配套用房
平面示意	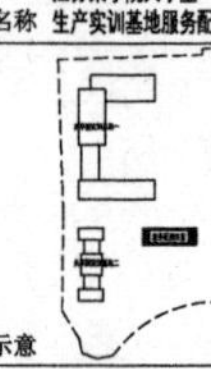
图名	三层平面图
设计/制图	
工种负责人	
复核	
审核	
项目负责人	
设计编号 14004-3	比例 1:100
图号 JS-05	日期 2015-04-10

徐州某设计研究院有限责任公司
XUZHOU ARCHITECTURE DESIGN & RESEARCH INSTITUTE
(证书等级 甲级 证书编号 A132001782)

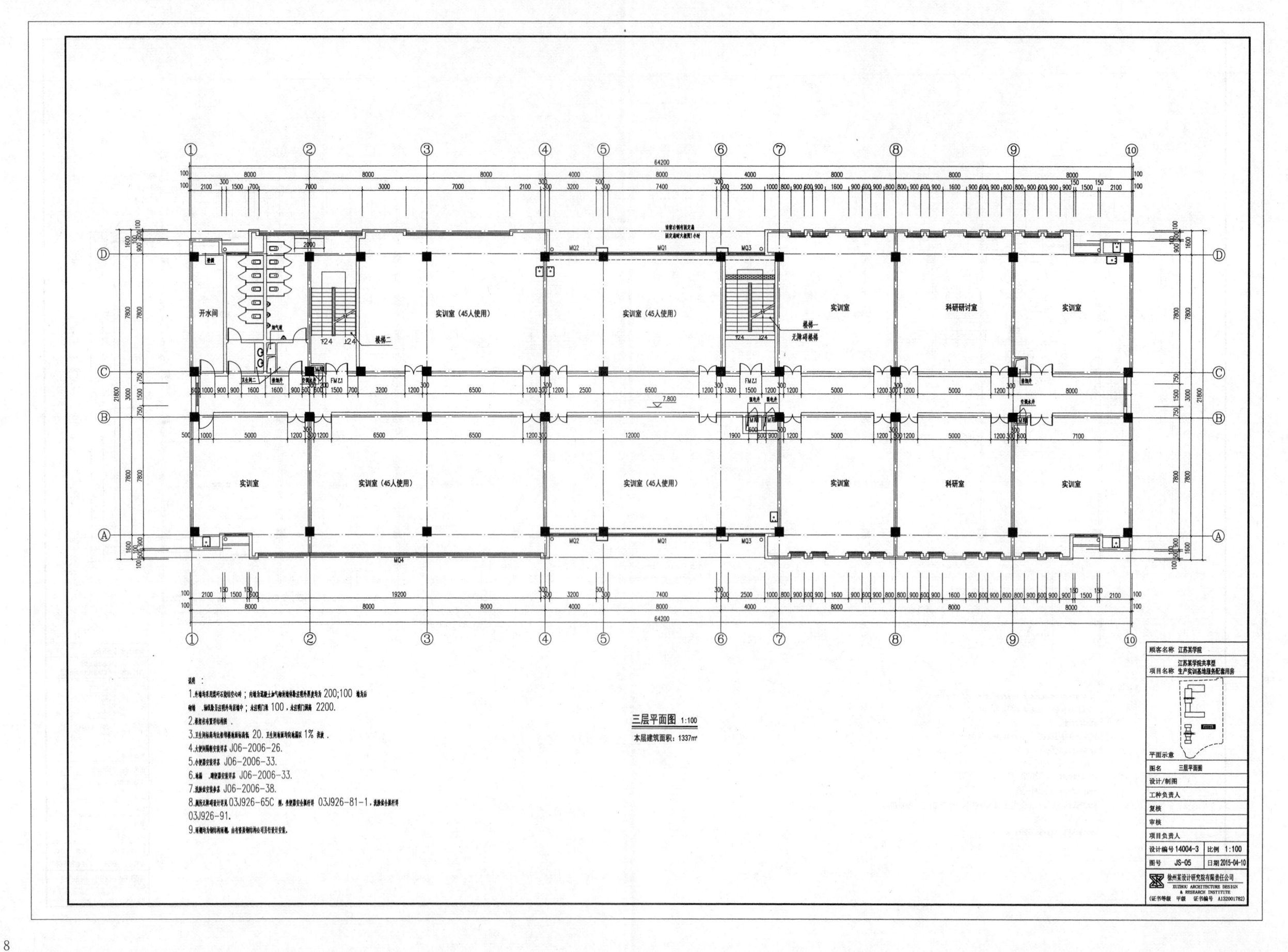

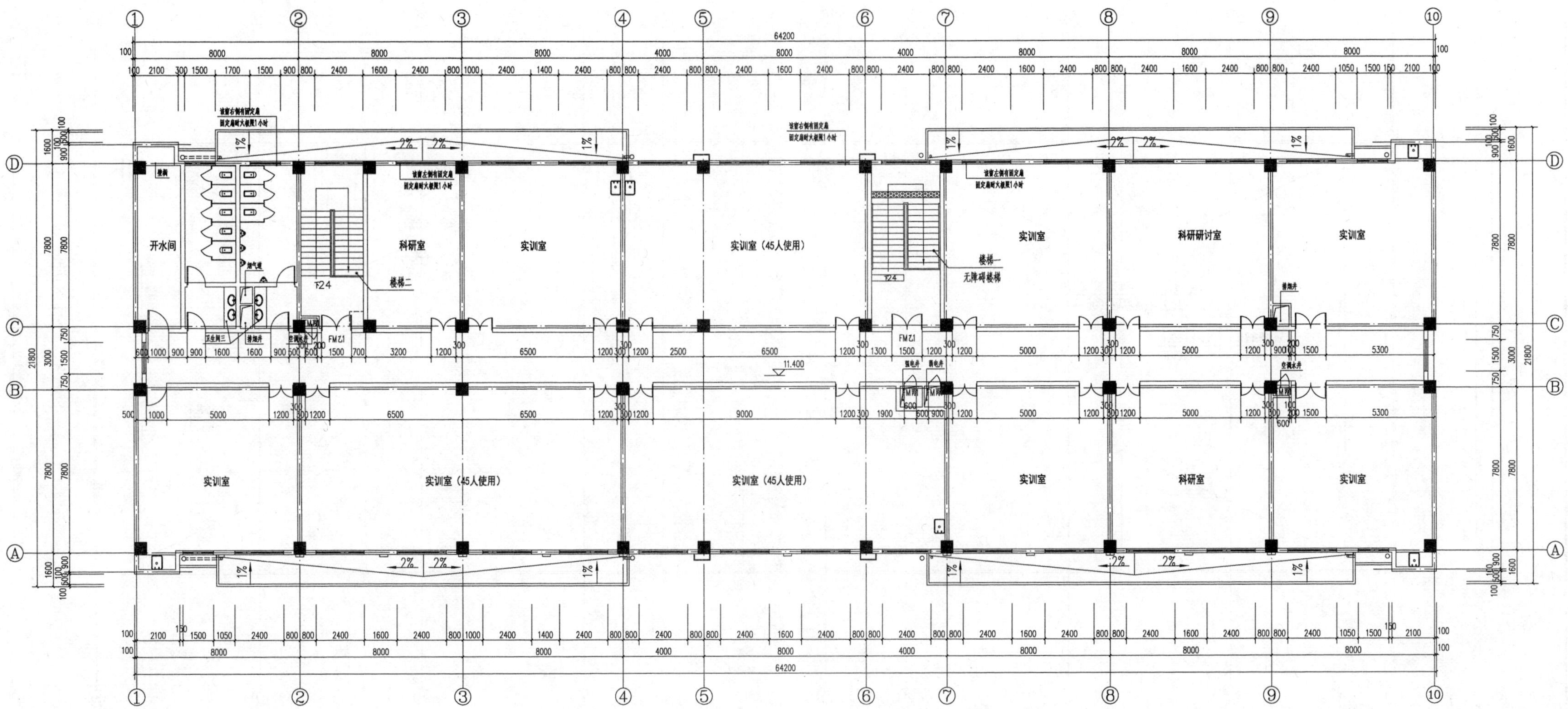

说明：

1.外墙均采用煤矸石烧结空心砖；内墙为混凝土加气砌块墙体除注明外厚度均为 200;100 墙为后砌墙．轴线除另注明外均居墙中；未注明门垛 100，未注明门洞高 2200.

2.框架柱布置详结构图．

3.卫生间标高均比相邻楼地面标高低 20. 卫生间地面均向地漏以 1% 找坡．

4.大便间隔断安装详苏J06-2006-26.

5.小便器安装详苏J06-2006-33.

6.地漏．蹲便器安装详苏 J06-2006-33.

7.洗脸盆安装参苏J06-2006-38.

8.厕所无障碍设计详见 03J926-65C 型，坐便器安全抓杆详 03J926-81-1，洗脸盆全抓杆详 03J926-91.

9.雨棚均为钢结构雨棚，由有资质钢结构公司另行设计安装。

四层平面图 1:100

本层建筑面积：1213㎡

顾客名称	江苏某学院
项目名称	江苏某学院共享型 生产实训基地服务配套用房
平面示意	
图名	四层平面图
设计/制图	
工种负责人	
复核	
审核	
项目负责人	
设计编号 14004-3	比例 1:100
图号 JS-06	日期 2015-04-10

徐州某设计研究院有限责任公司

XUZHOU ARCHITECTURE DESIGN & RESEARCH INSTITUTE

(证书等级 甲级 证书编号 A132001782)

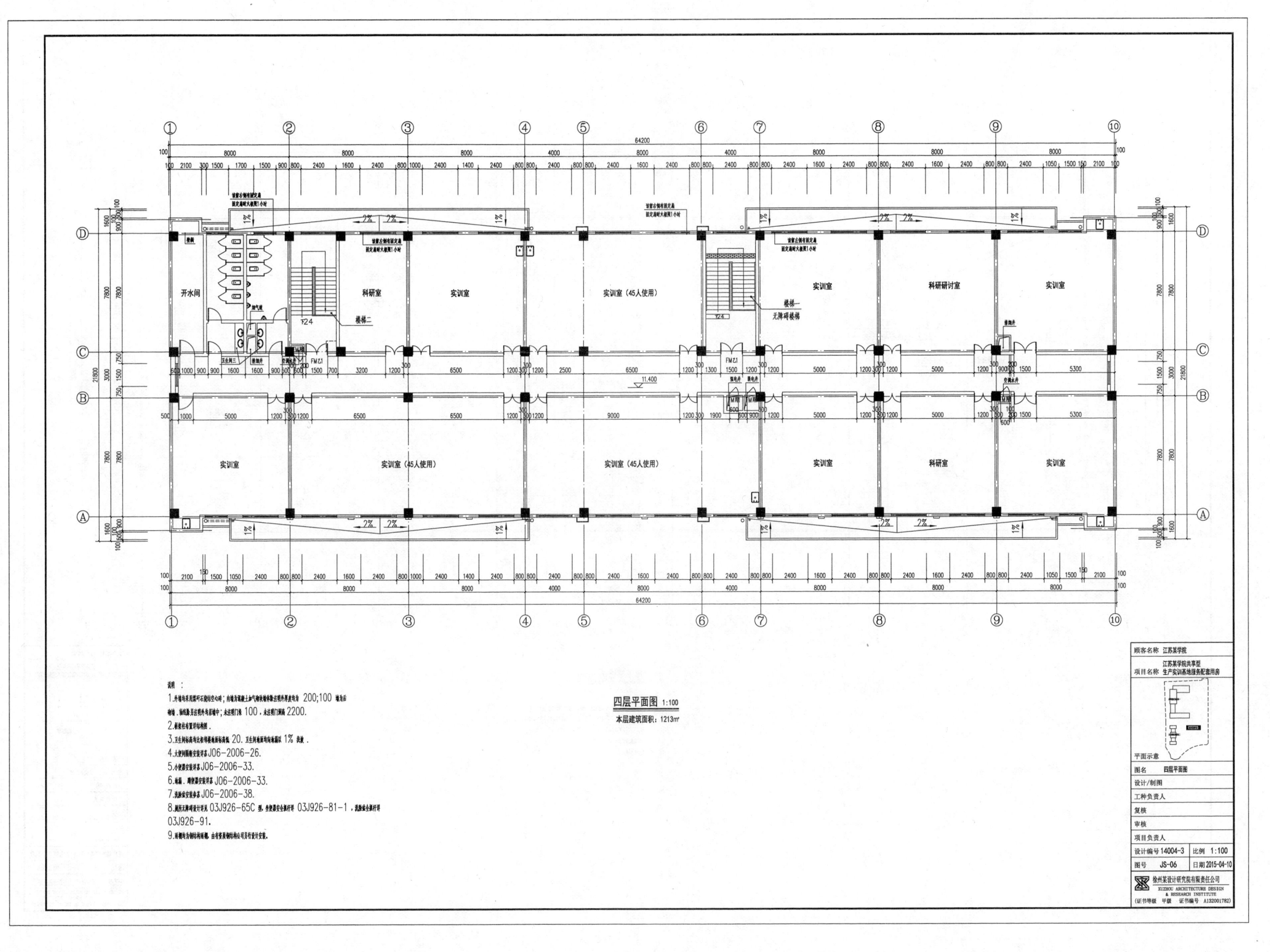

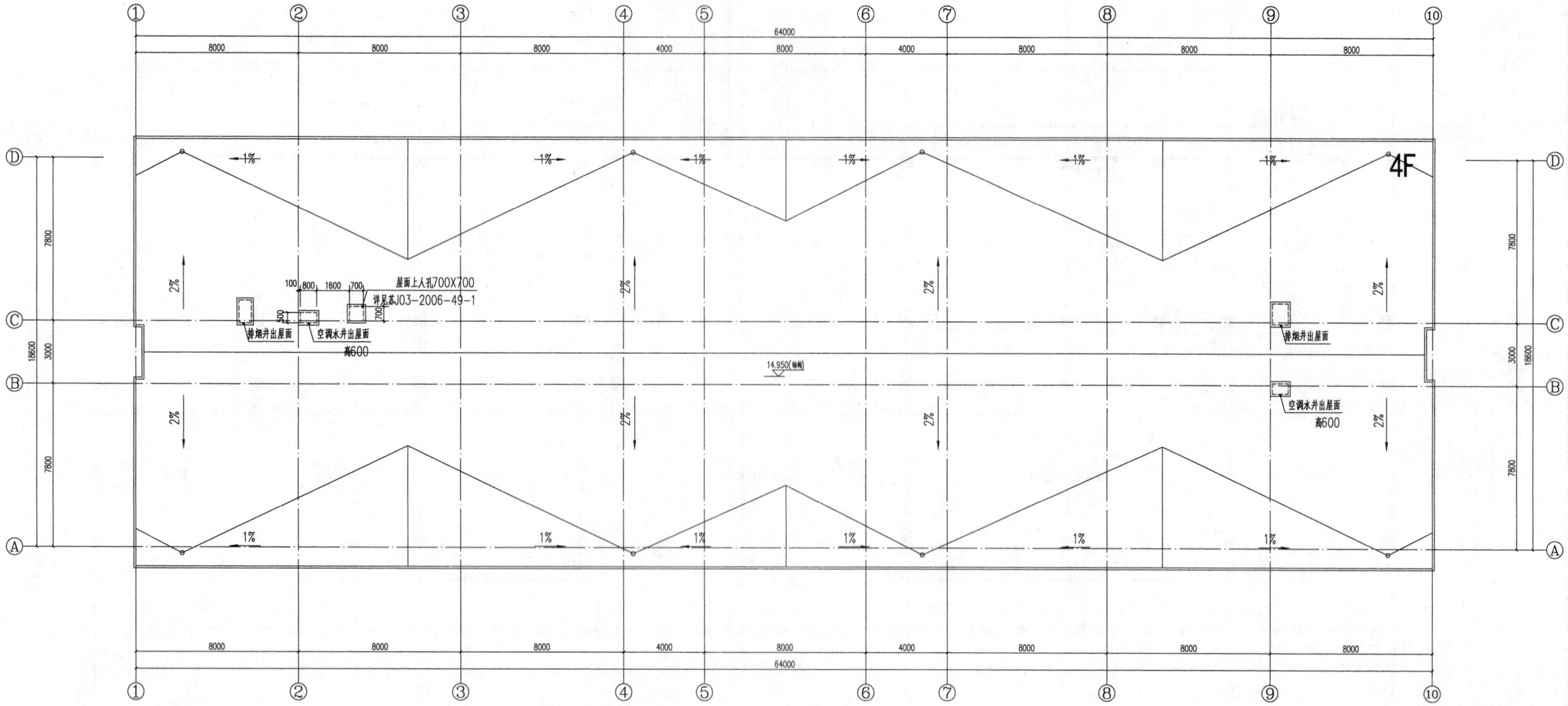

屋顶平面图 1:100

说明：

1.水落管均为Φ100白色PVC硬塑管屋面雨水管做法详见苏J03-2006-16-3
屋面水落口做法详见苏J03-2006-55-2,水斗和水落管详见苏J03-2006-58-3
2.屋面800X800上人孔,做法详苏J03-2006-49-1
3.屋面分格缝做法详见99J201-1-37-5.
4.屋面排水详见水施.

顾客名称	江苏某学院
项目名称	江苏某学院共享型生产实训基地服务配套用房
平面示意	
图名	屋顶平面图
设计/制图	
工种负责人	
复核	
审核	
项目负责人	
设计编号 14004-3	比例 1:100
图号 JS-07	日期 2015-04-10

徐州某设计研究院有限责任公司
XUZHOU ARCHITECTURE DESIGN & RESEARCH INSTITUTE
(证书等级 甲级 证书编号 A132001782)

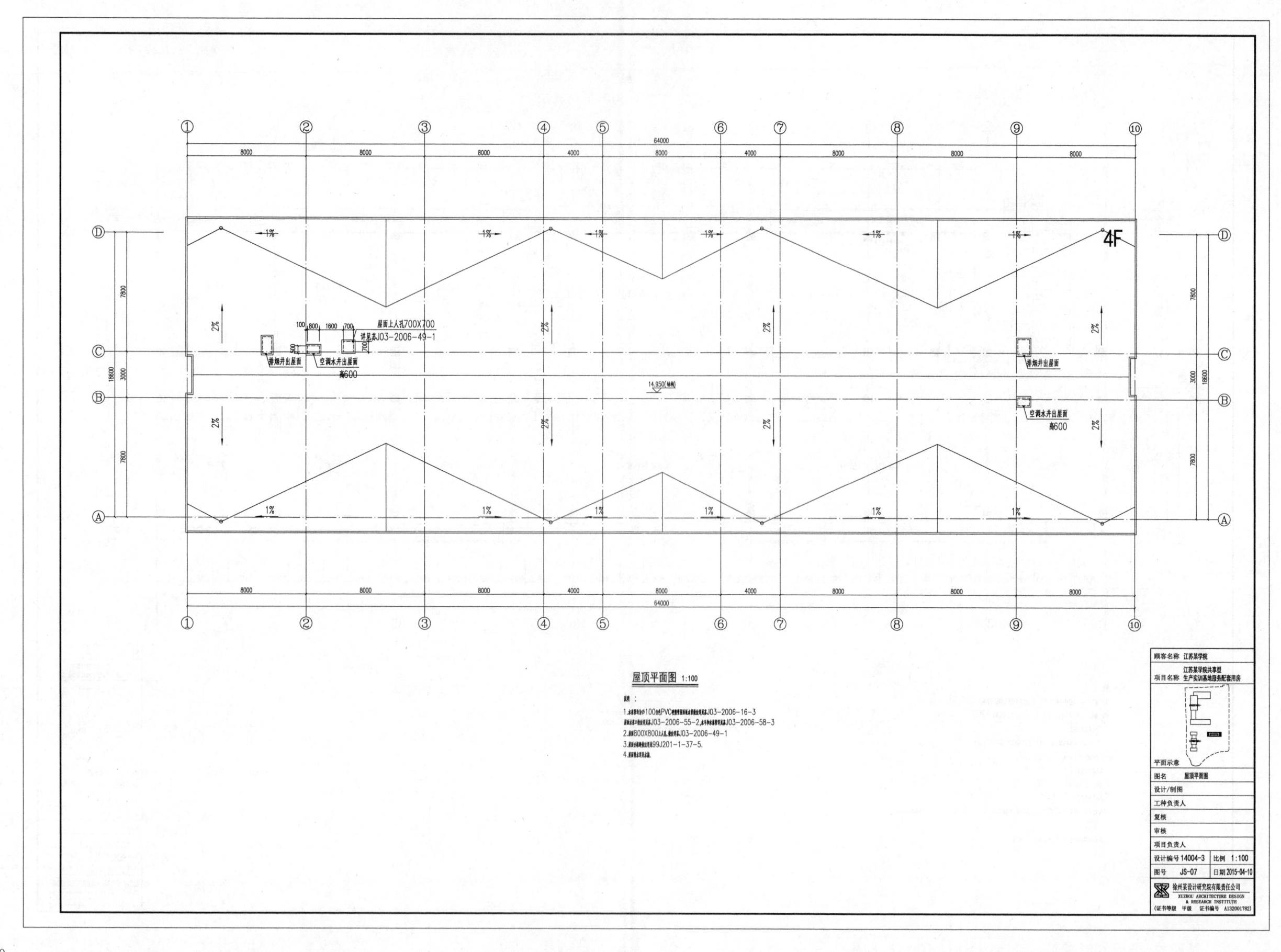

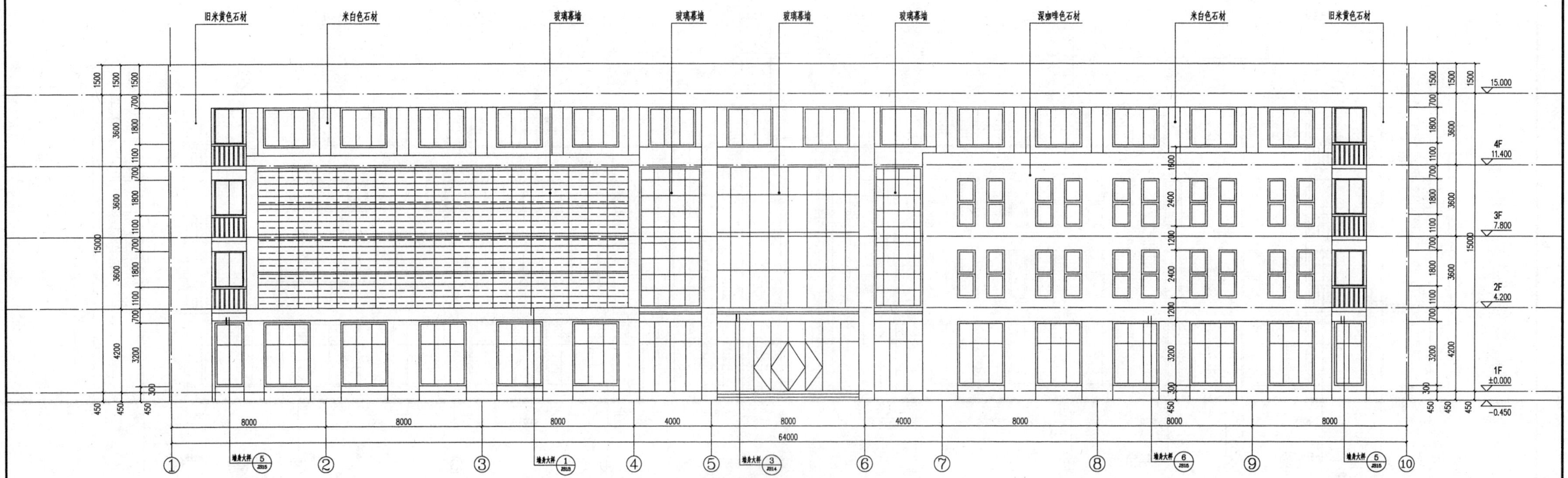

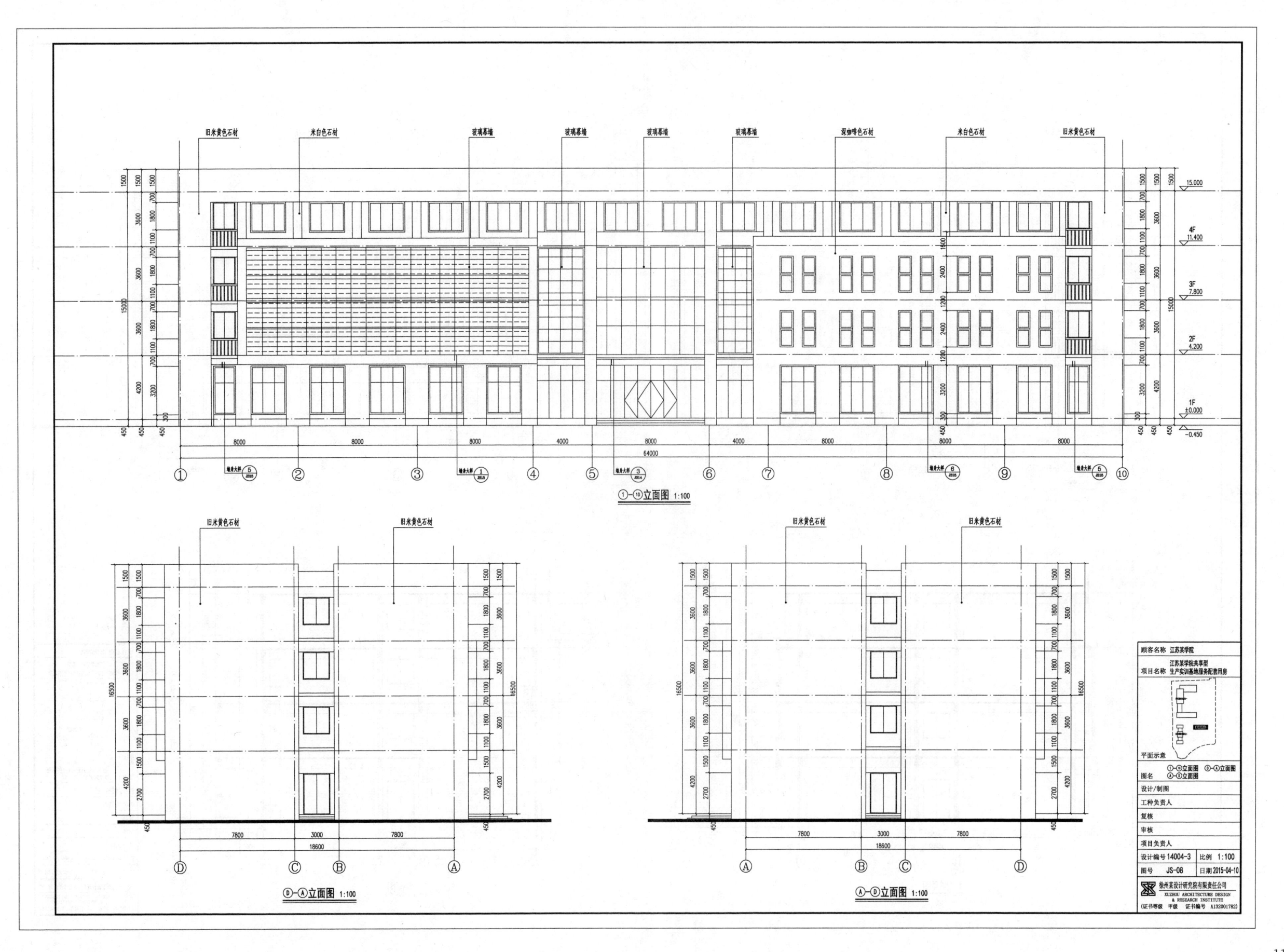

①-⑩立面图 1:100

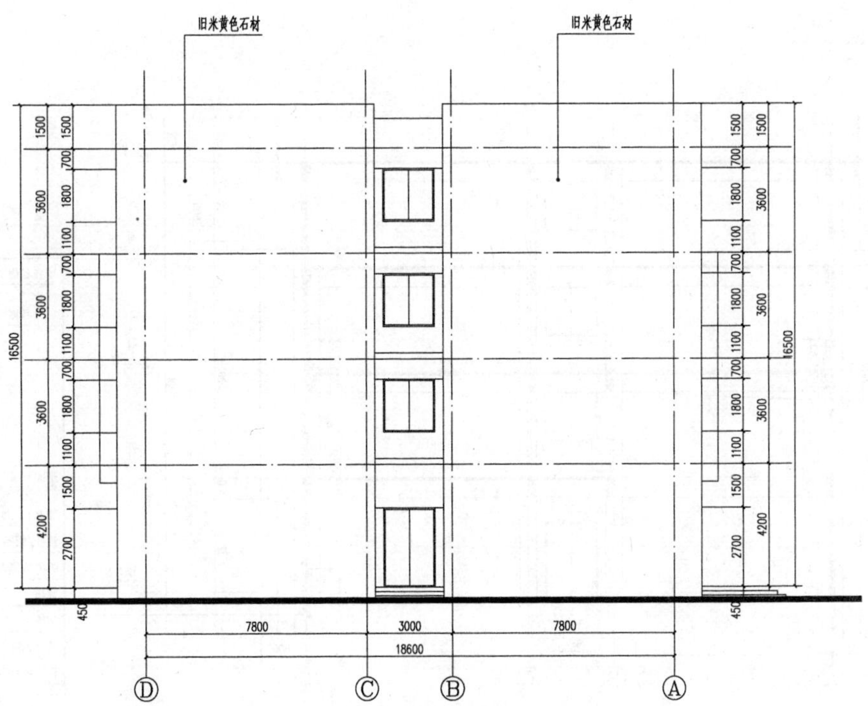

Ⓓ-Ⓐ立面图 1:100

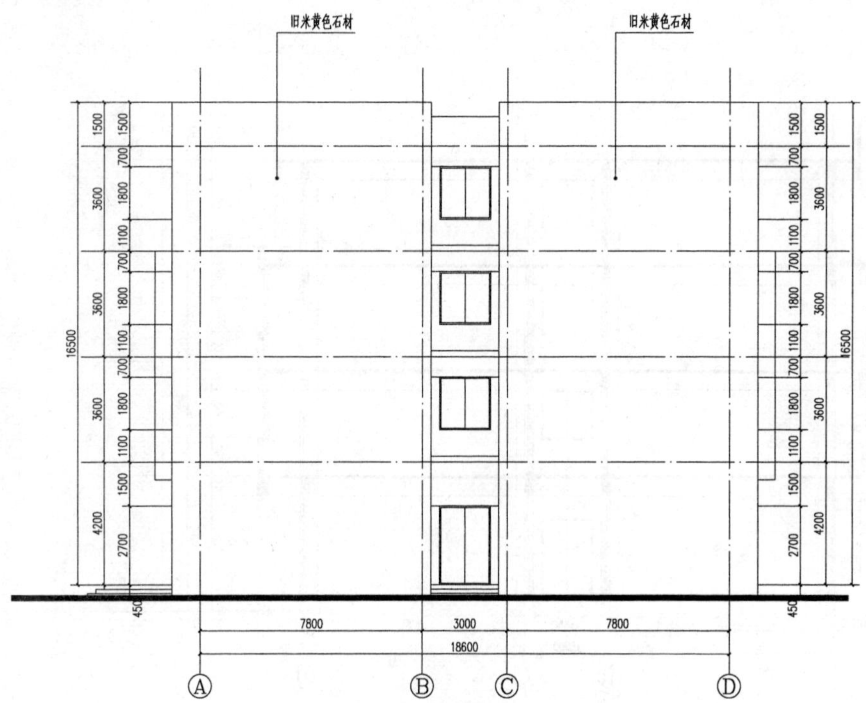

Ⓐ-Ⓓ立面图 1:100

顾客名称 江苏某学院	
项目名称 江苏某学院共享型生产实训基地服务配套用房	
平面示意	
图名 ①-⑩立面图 Ⓓ-Ⓐ立面图 Ⓐ-Ⓓ立面图	
设计/制图	
工种负责人	
复核	
审核	
项目负责人	
设计编号 14004-3	比例 1:100
图号 JS-08	日期 2015-04-10

徐州某设计研究院有限责任公司
XUZHOU ARCHITECTURE DESIGN & RESEARCH INSTITUTE
(证书等级 甲级 证书编号 A132001782)

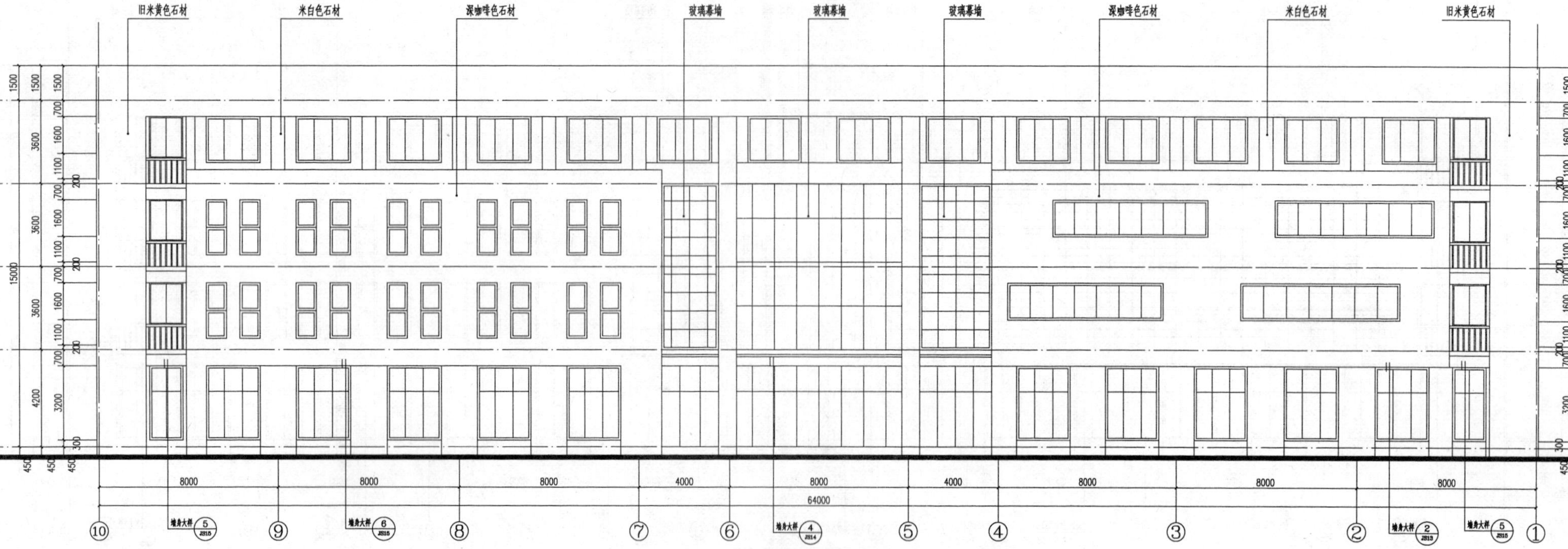

⑩-①立面图 1:100

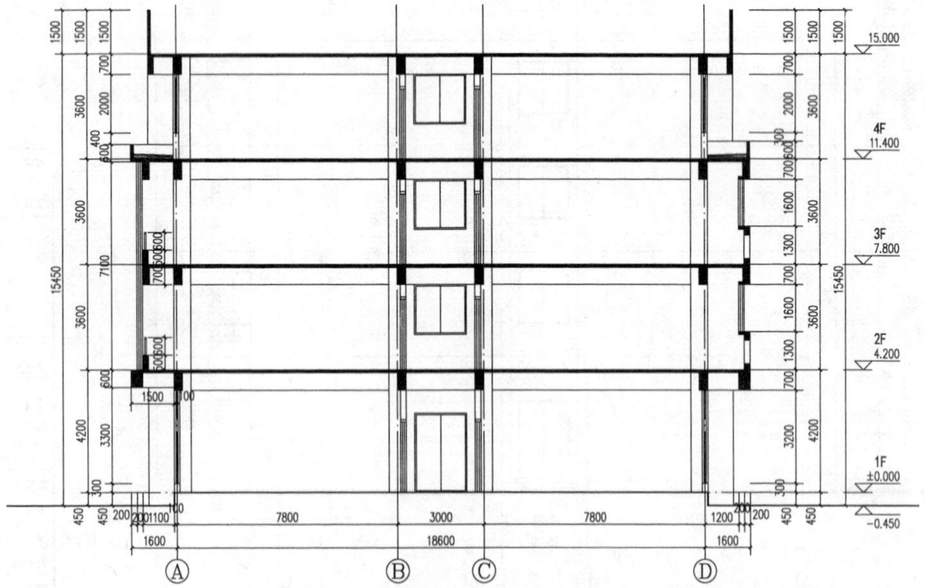

1-1剖面图 1:100

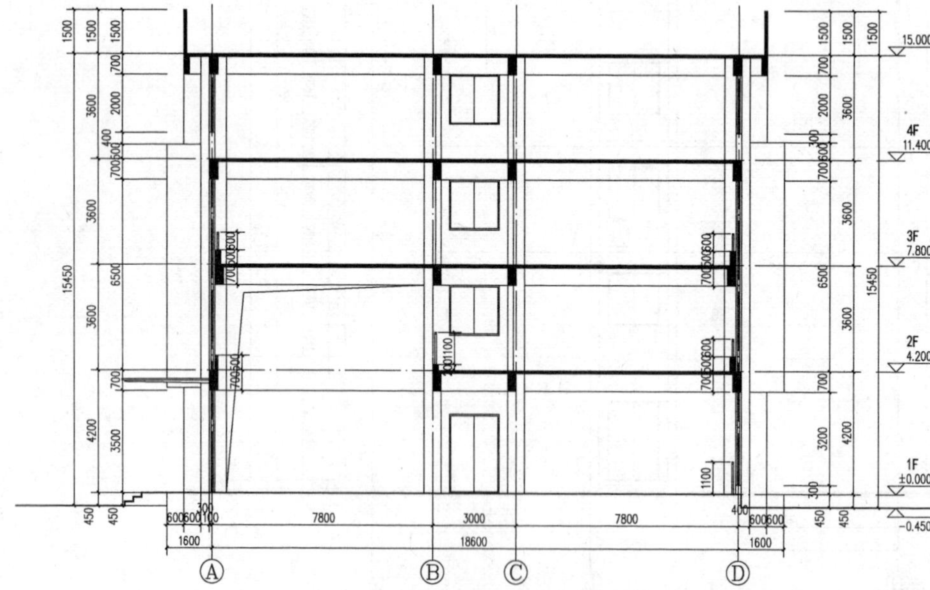

2-2剖面图 1:100

顾客名称	江苏某学院
项目名称	江苏某学院共享型 生产实训基地服务配套用房
平面示意	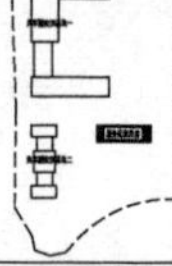
图名	⑩-①立面图 1-1剖面图 2-2剖面图
设计/制图	
工种负责人	
复核	
审核	
项目负责人	
设计编号 14004-3	比例 1:100
图号 JS-09	日期 2015-04-10

徐州某设计研究院有限责任公司
XUZHOU ARCHITECTURE DESIGN & RESEARCH INSTITUTE
(证书等级 甲级 证书编号 A132001782)

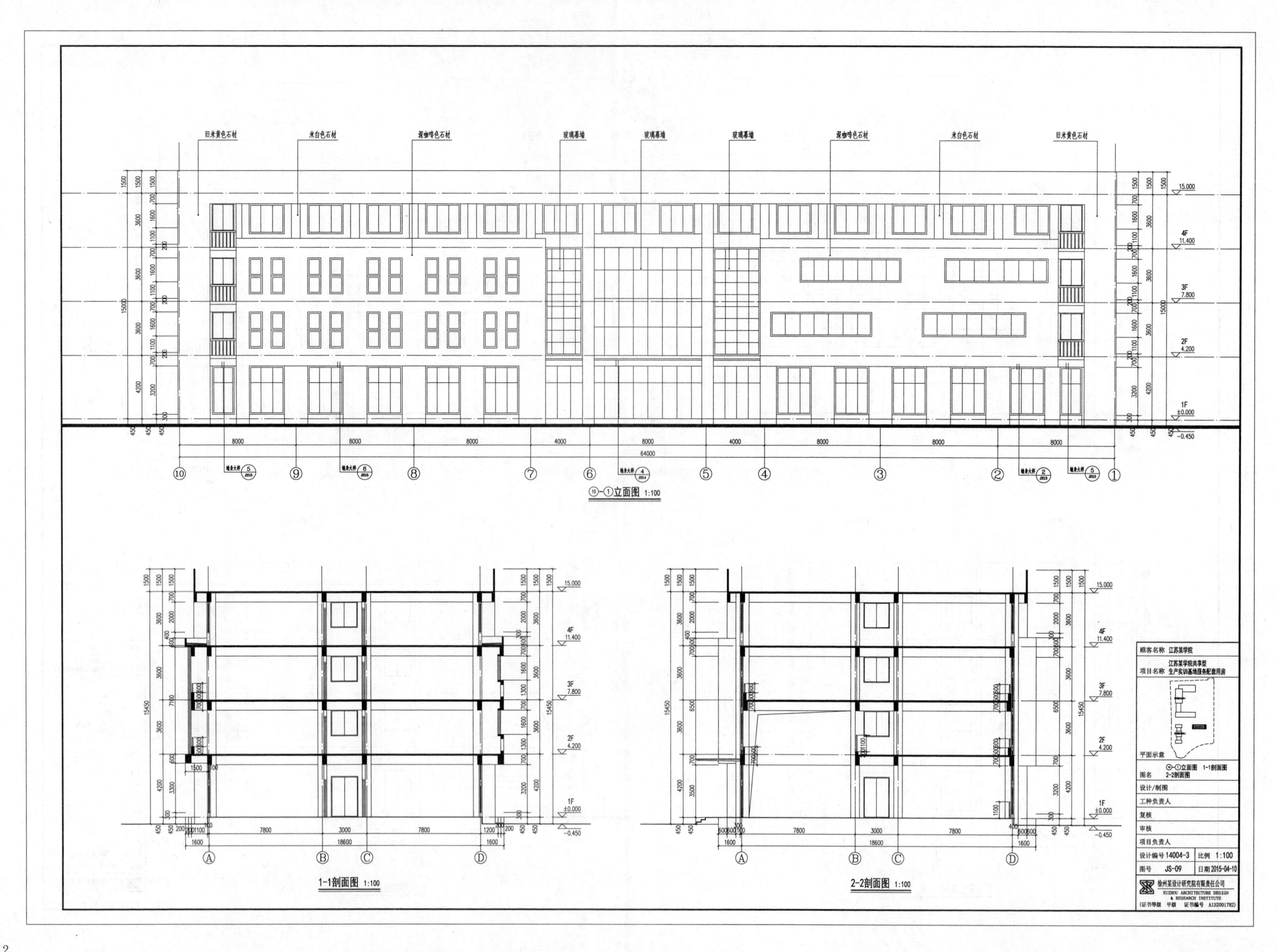

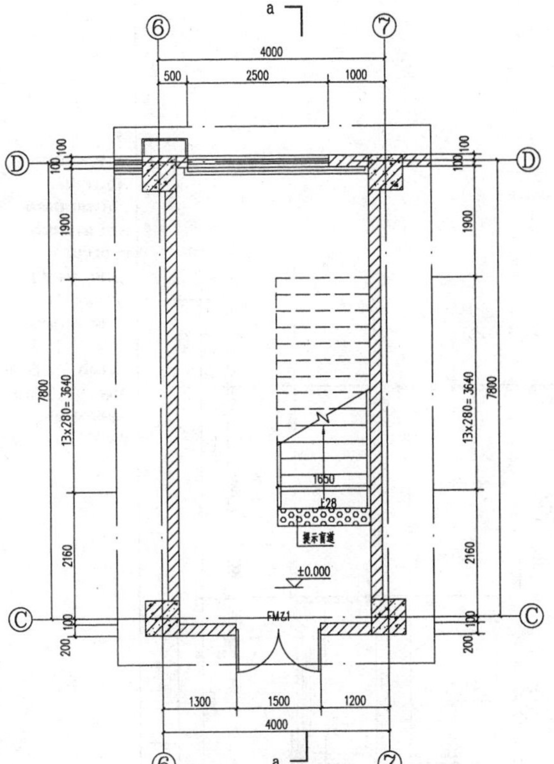

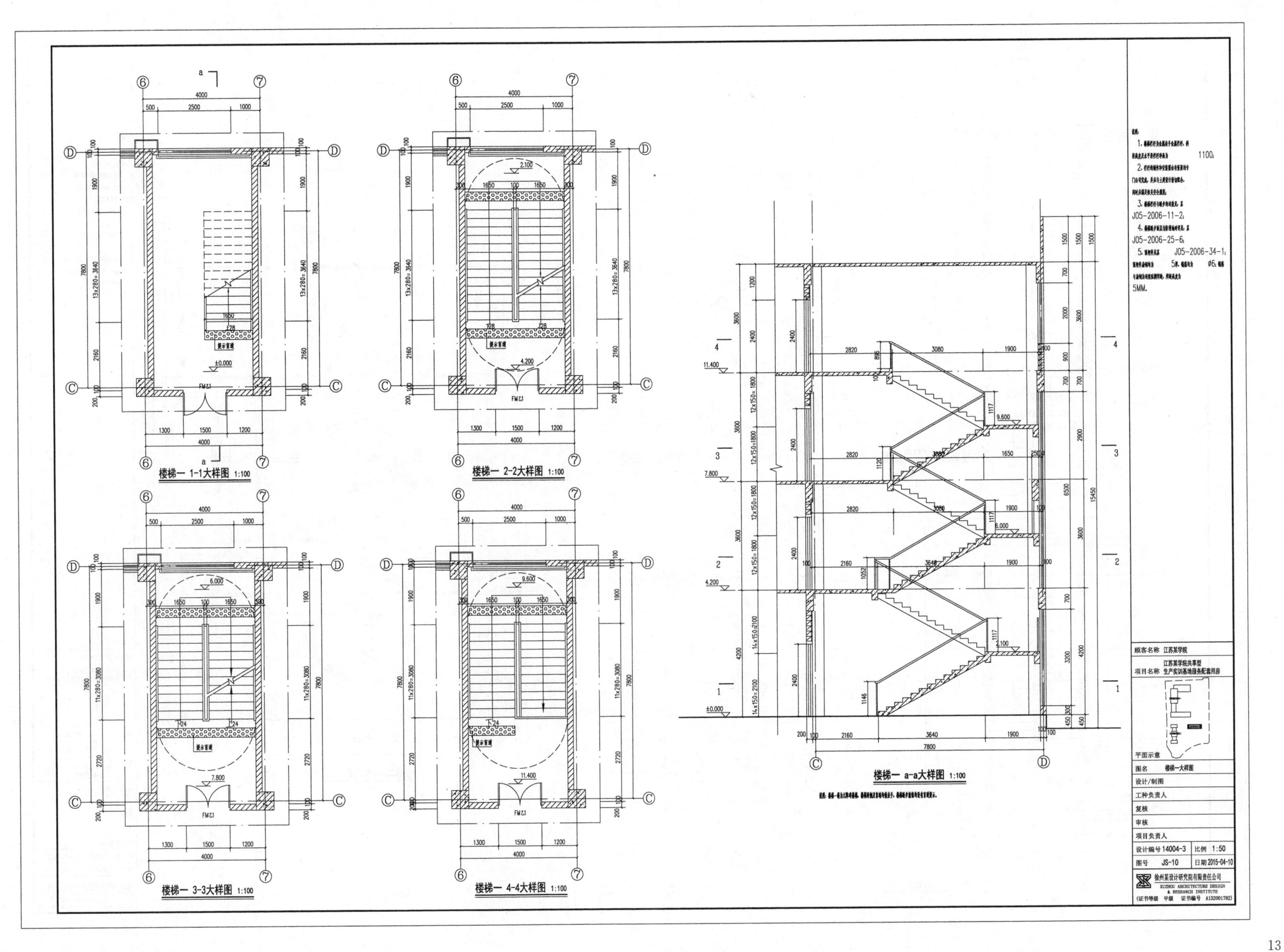

楼梯一 1-1大样图 1:100

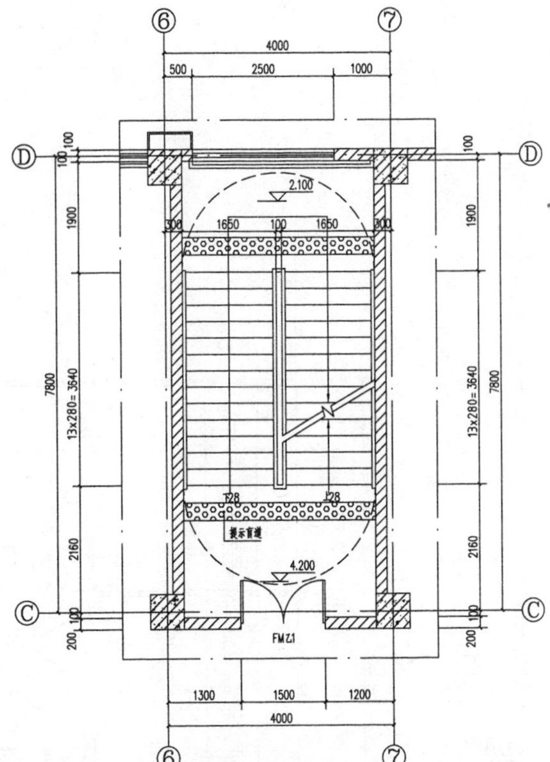

楼梯一 2-2大样图 1:100

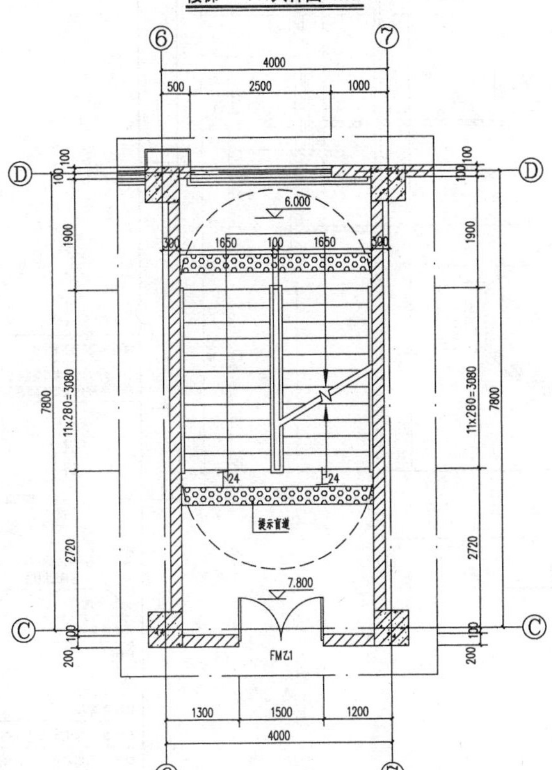

楼梯一 3-3大样图 1:100

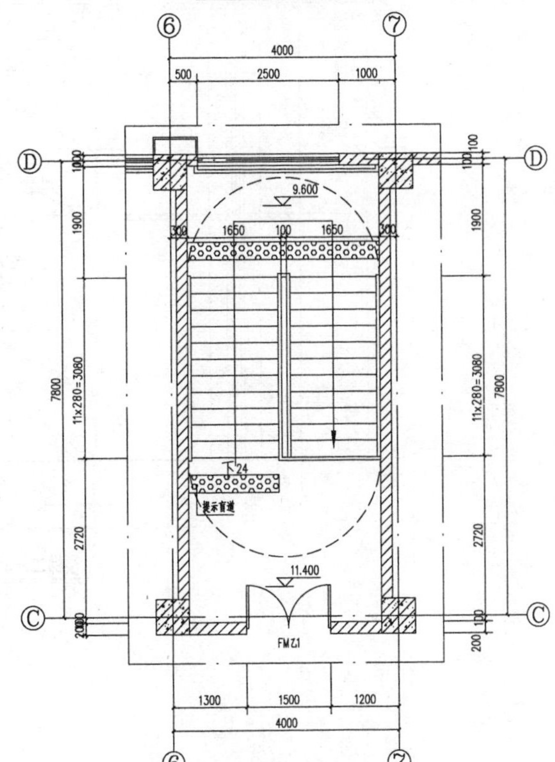

楼梯一 4-4大样图 1:100

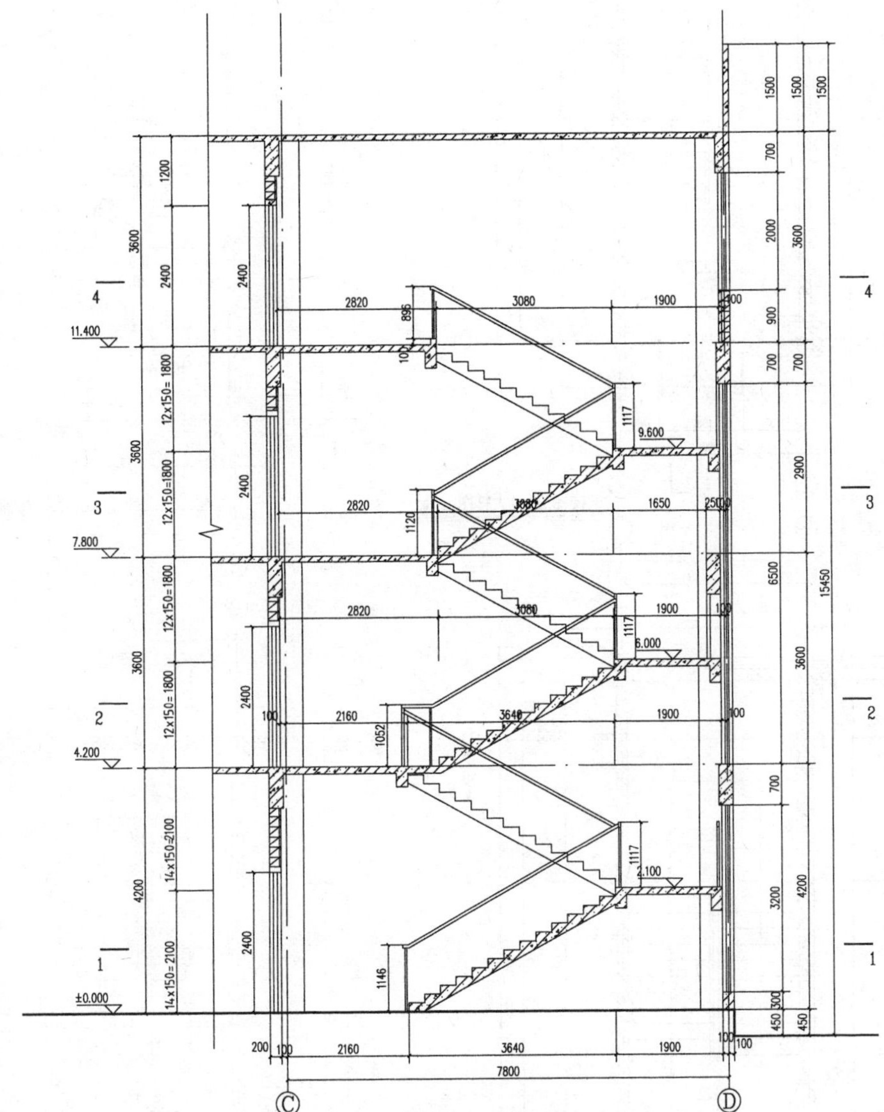

楼梯一 a-a大样图 1:100

说明：楼梯一梯为无障碍楼梯，楼梯两侧及靠墙均做扶手，楼梯踏步前缘均设有盲道提示。

说明：

1. 楼梯栏杆为金属扶手金属栏杆，斜段高度及水平段栏杆净高为 1100；
2. 栏杆的制作和安装需由有资质的专门公司完成，并应与土建设计密切配合，同时应满足相关安全规范；
3. 楼梯栏杆与踏步的连接见：苏 J05-2006-11-2；
4. 楼梯踏步面层为防滑地砖详见：苏 J05-2006-25-6；
5. 预埋件见苏 J05-2006-34-1；预埋件扁钢均为 5厚，锚筋均为 ø6；锚筋与扁钢为连续贴脚焊缝，焊缝高度为 5MM.

顾客名称	江苏某学院
项目名称	江苏某学院共享型 生产实训基地服务配套用房
平面示意	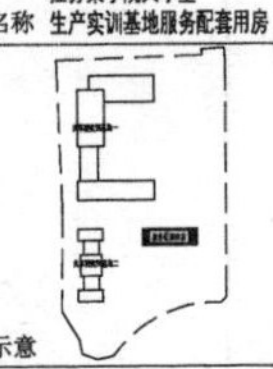
图名	楼梯一大样图
设计/制图	
工种负责人	
复核	
审核	
项目负责人	
设计编号 14004-3	比例 1:50
图号 JS-10	日期 2015-04-10

徐州某设计研究院有限责任公司
XUZHOU ARCHITECTURE DESIGN & RESEARCH INSTITUTE
(证书等级 甲级 证书编号 A132001782)

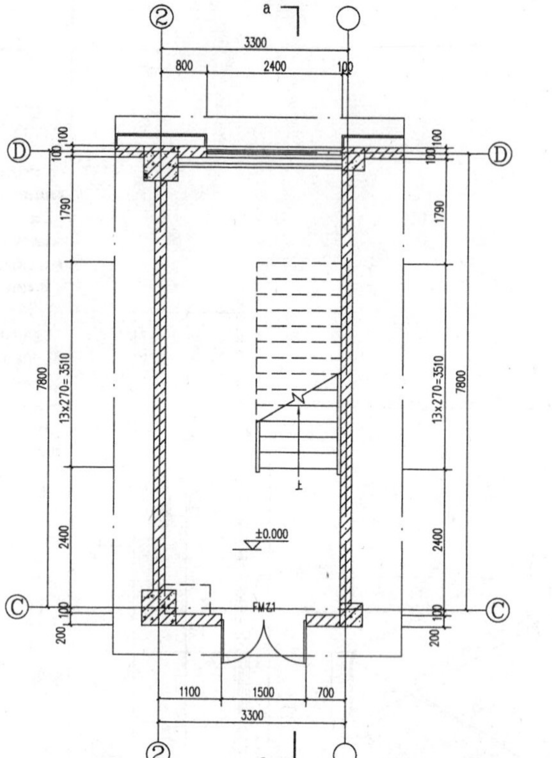

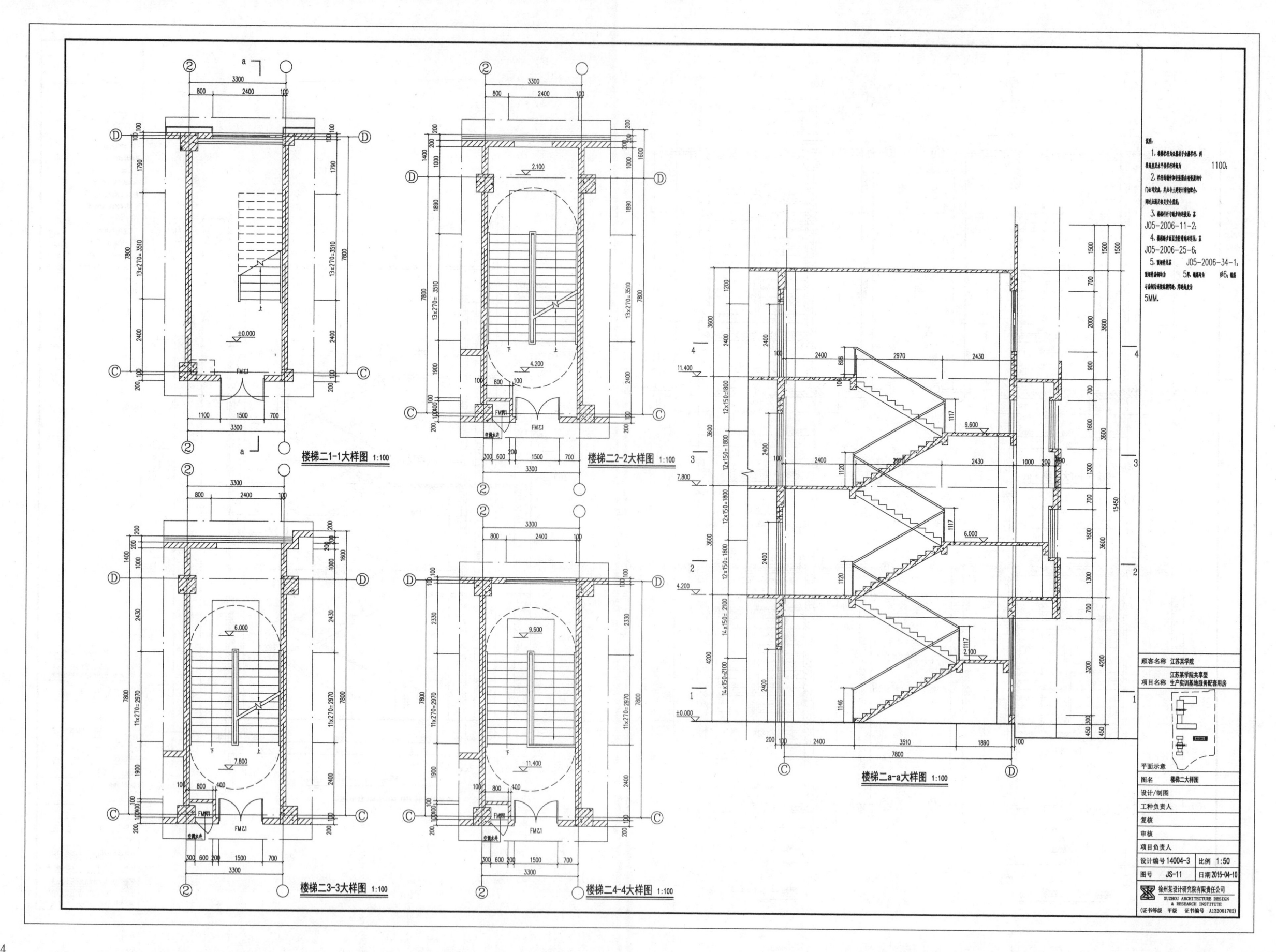

楼梯二1-1大样图 1:100

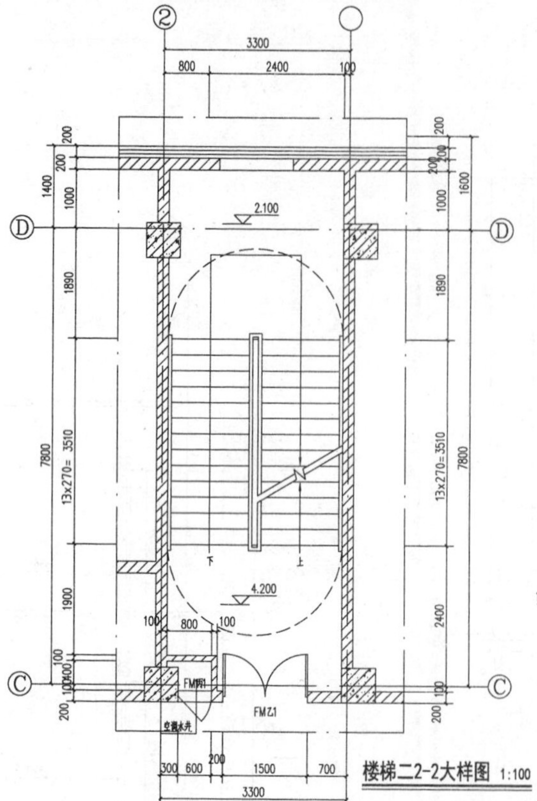

楼梯二2-2大样图 1:100

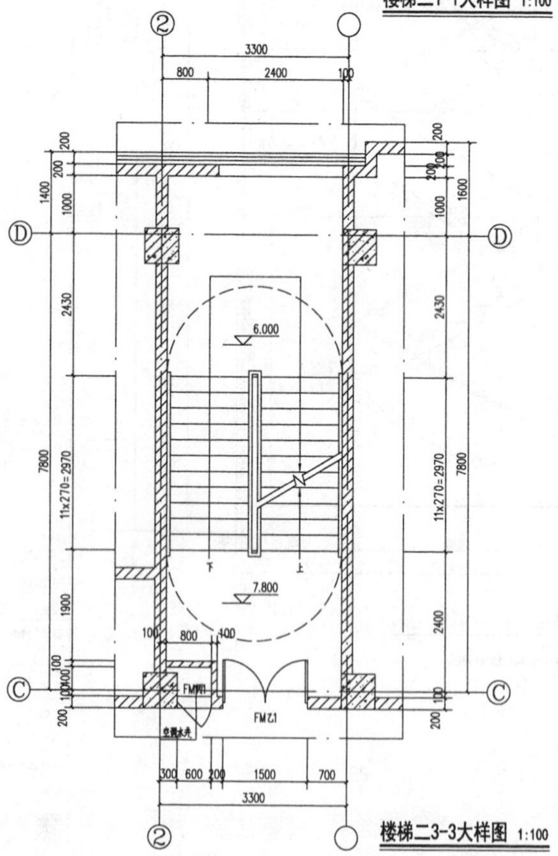

楼梯二3-3大样图 1:100

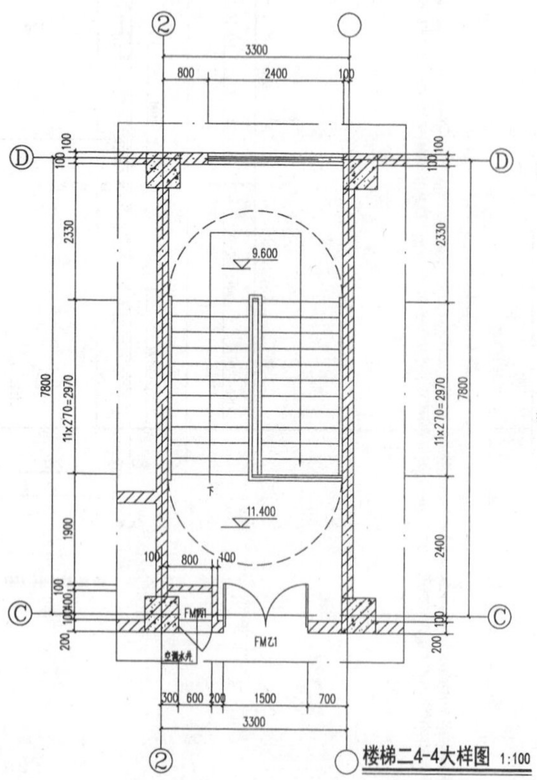

楼梯二4-4大样图 1:100

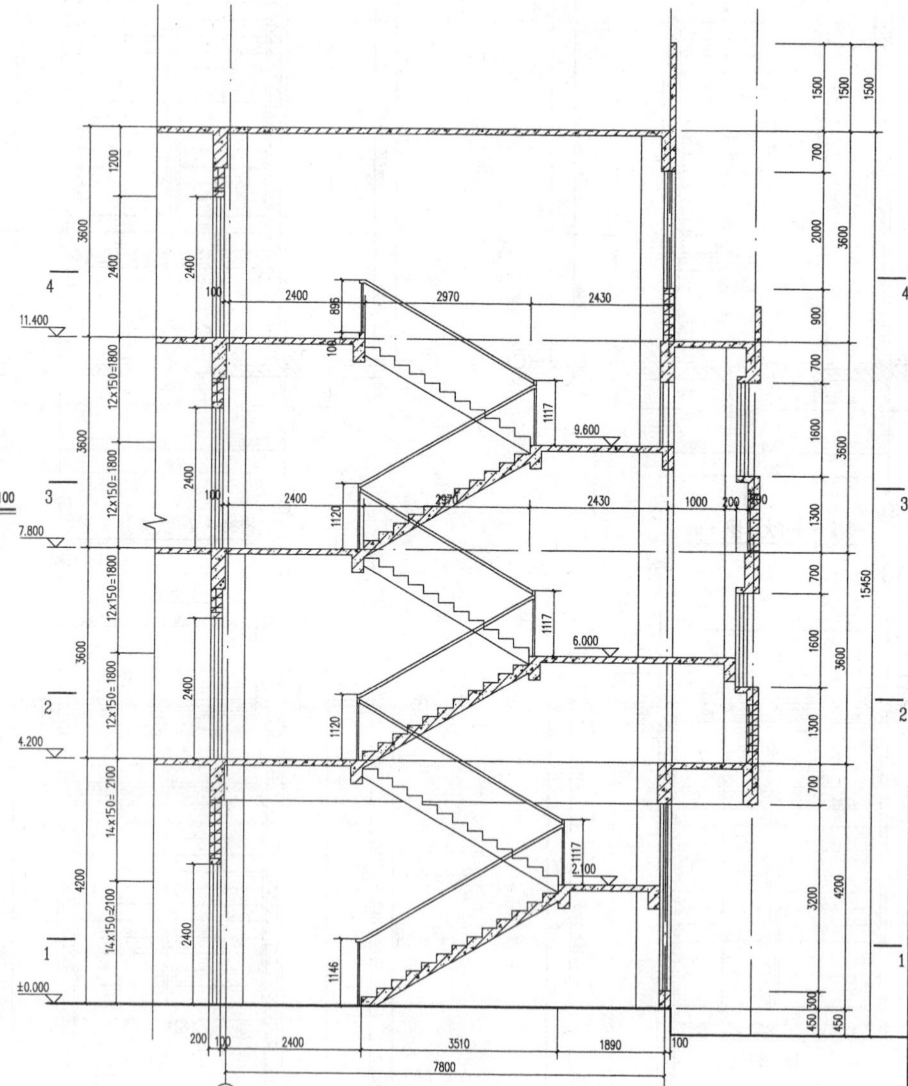

楼梯二a-a大样图 1:100

说明：

1、楼梯栏杆为金属扶手金属栏杆，斜段高度及水平段栏杆净高为 1100；

2、栏杆的制作和安装需由有资质的专门公司完成，并应与土建设计密切配合，同时应满足相关安全规范；

3、楼梯栏杆与踏步的连接见：苏 J05-2006-11-2；

4、楼梯踏步面层为防滑地砖详见：苏 J05-2006-25-6；

5、预埋件见苏 J05-2006-34-1；预埋件扁钢均为 5厚，锚筋均为 Ø6；锚筋与扁钢为连续贴脚焊缝，焊缝高度为 5MM.

顾客名称	江苏某学院
项目名称	江苏某学院共享型生产实训基地服务配套用房
平面示意	
图名	楼梯二大样图
设计/制图	
工种负责人	
复核	
审核	
项目负责人	
设计编号 14004-3	比例 1:50
图号 JS-11	日期 2015-04-10

徐州某设计研究院有限责任公司
XUZHOU ARCHITECTURE DESIGN & RESEARCH INSTITUTE
(证书等级 甲级 证书编号 A132001782)

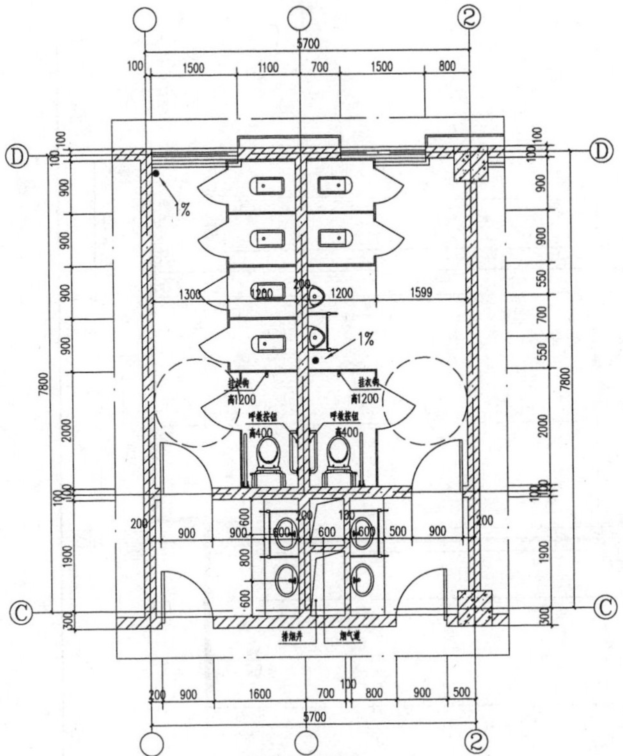

卫生间一大样图 1:50

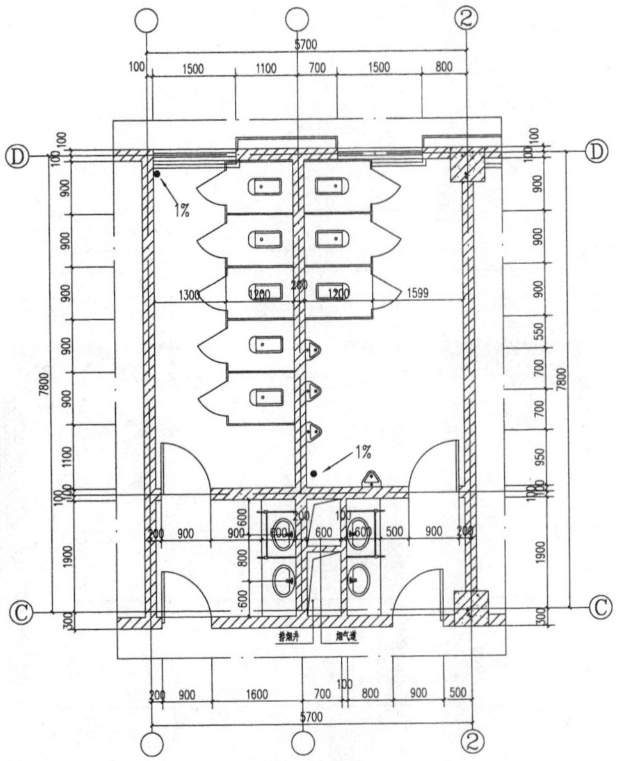

卫生间三大样图 1:50

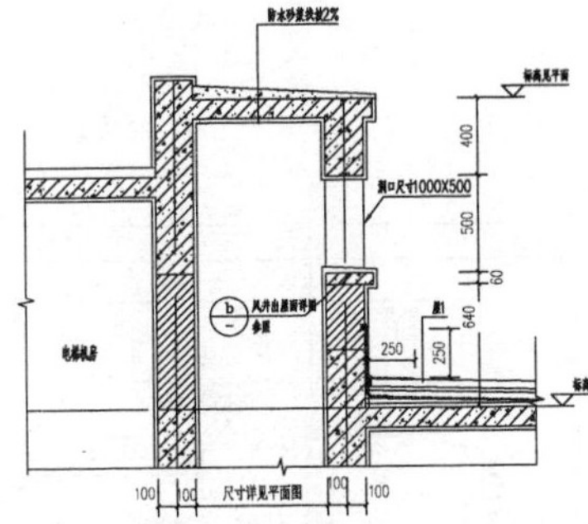

⑤通风井出屋面大样图 1:20

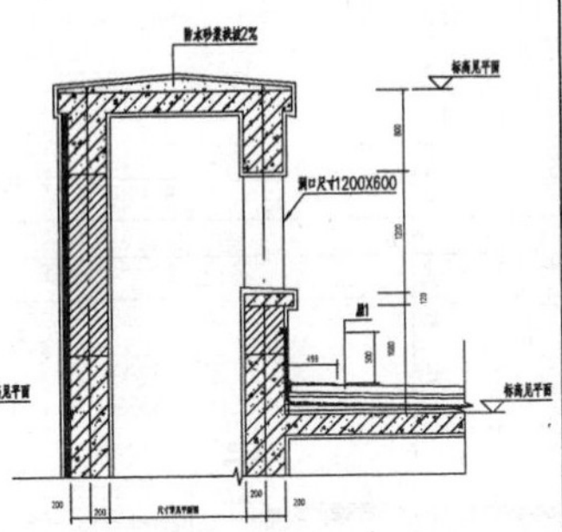

⑥通风井出屋面大样图 1:20

说明：

1.卫生间标高均比相邻楼地面标高低 20.
卫生间地面均向地漏以 1%找坡 .
2.大便间隔断安装详苏
J06-2006-26.
3.小便器安装详苏 J06-2006-33.
4.地漏 .蹲便器安装详苏
J06-2006-33.
5.洗脸盆安装参苏 J06-2006-38.
6.厕所无障碍设计详见 03J926-65C型
坐便器安全抓杆详 03J926-81-1，洗
脸盆全抓杆详 03J926-91.

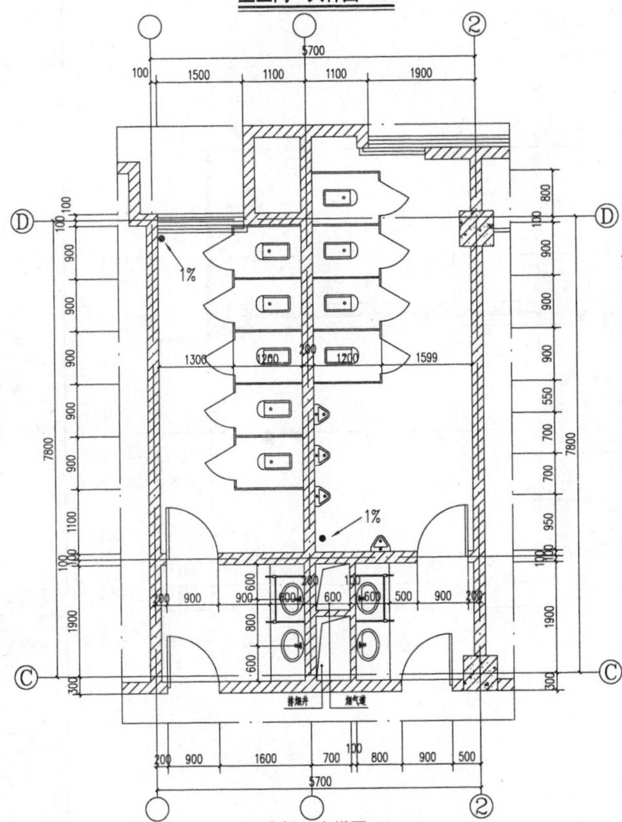

卫生间二大样图 1:50

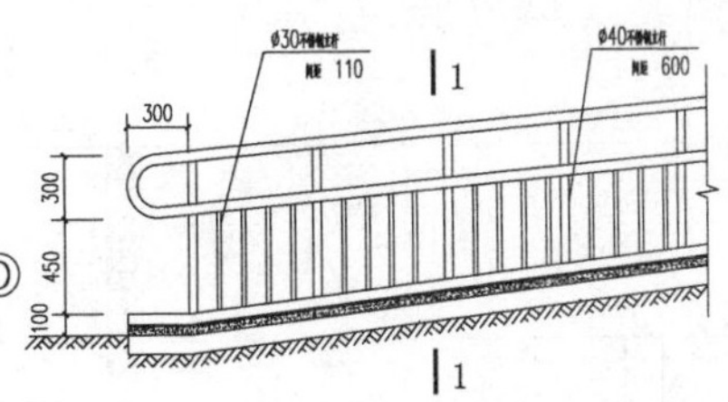

①残疾人坡道纵剖面图 1:25

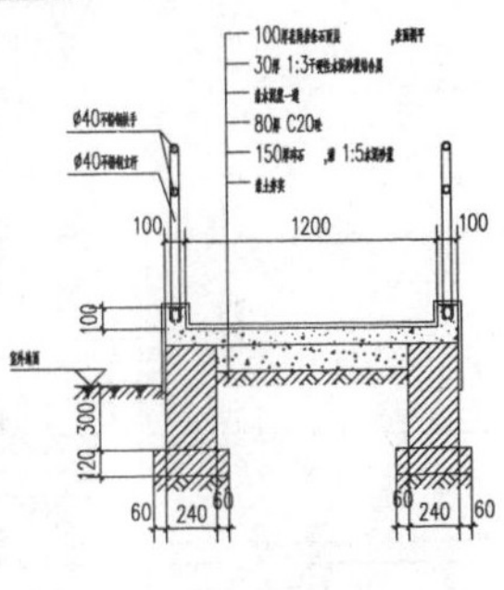

1-1剖面 1:25

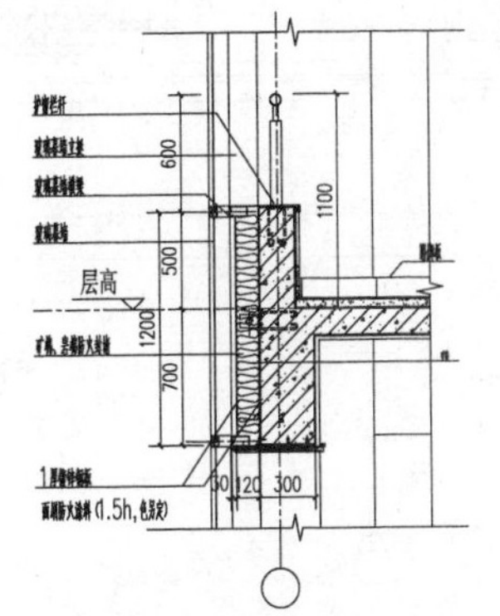

②护窗栏杆及幕墙防火封堵详图 1:25

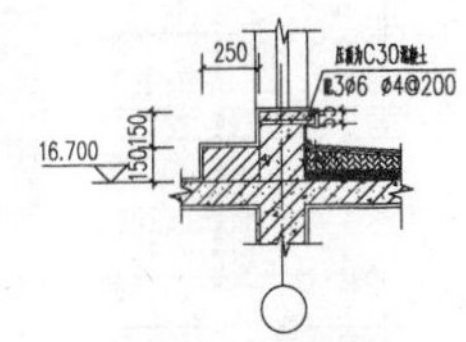

③出屋面大样图 1:25

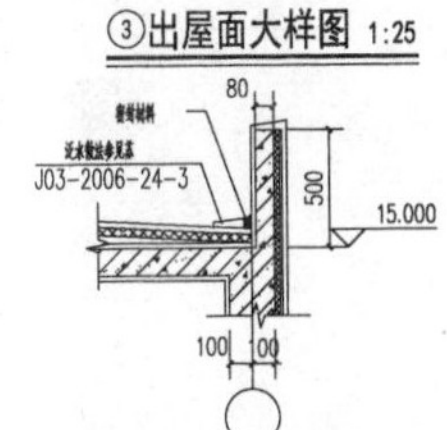

④女儿墙大样图 1:25

顾客名称 江苏某学院	
项目名称 江苏某学院共享型生产实训基地服务配套用房	
平面示意	
图名 卫生间大样图 节点大样图	
设计/制图	
工种负责人	
复核	
审核	
项目负责人	
设计编号 14004-3	比例 1:50
图号 JS-12	日期 2015-04-10

徐州某设计研究院有限责任公司
XUZHOU ARCHITECTURE DESIGN & RESEARCH INSTITUTE
(证书等级 甲级 证书编号 A132001782)

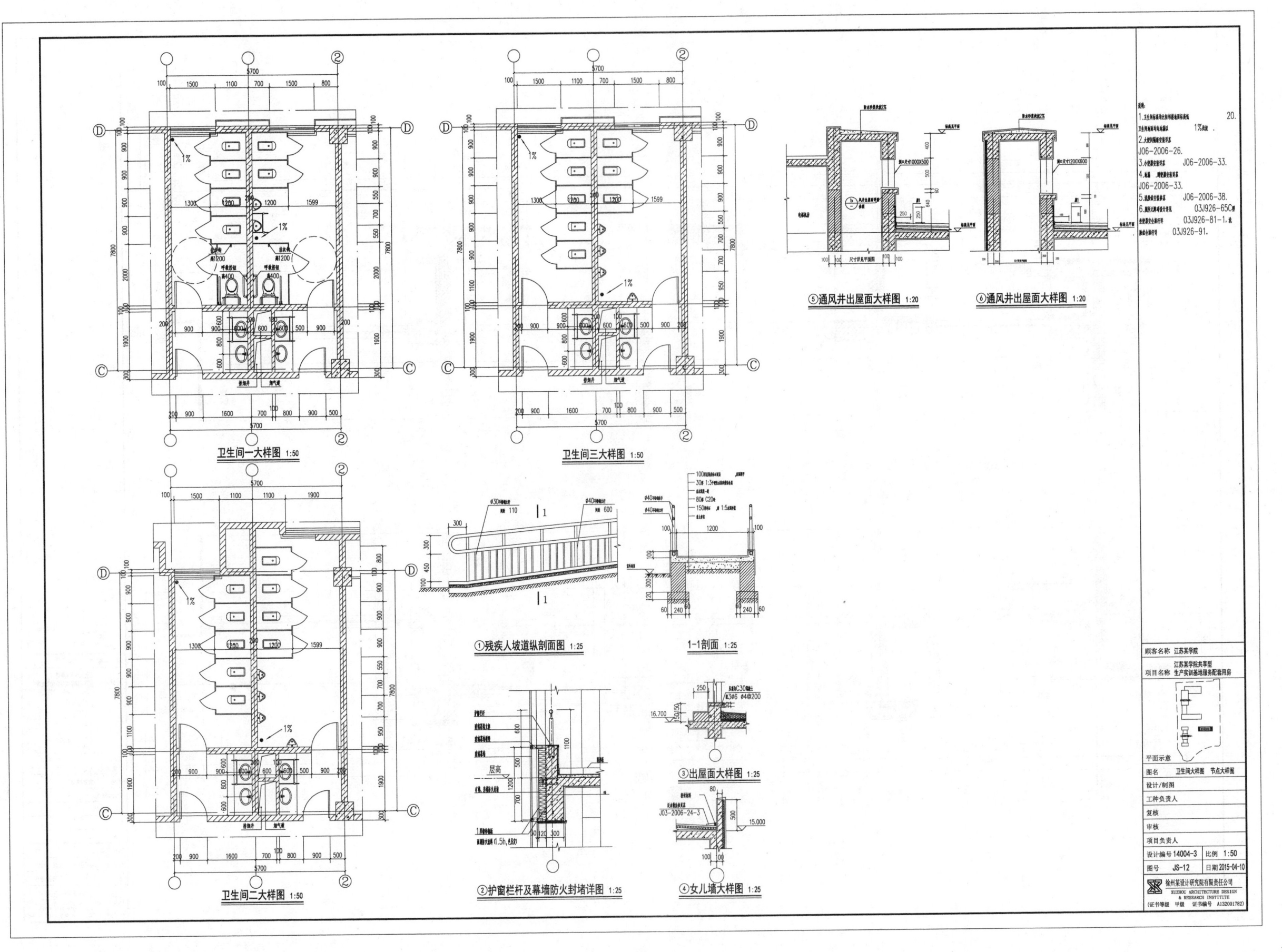

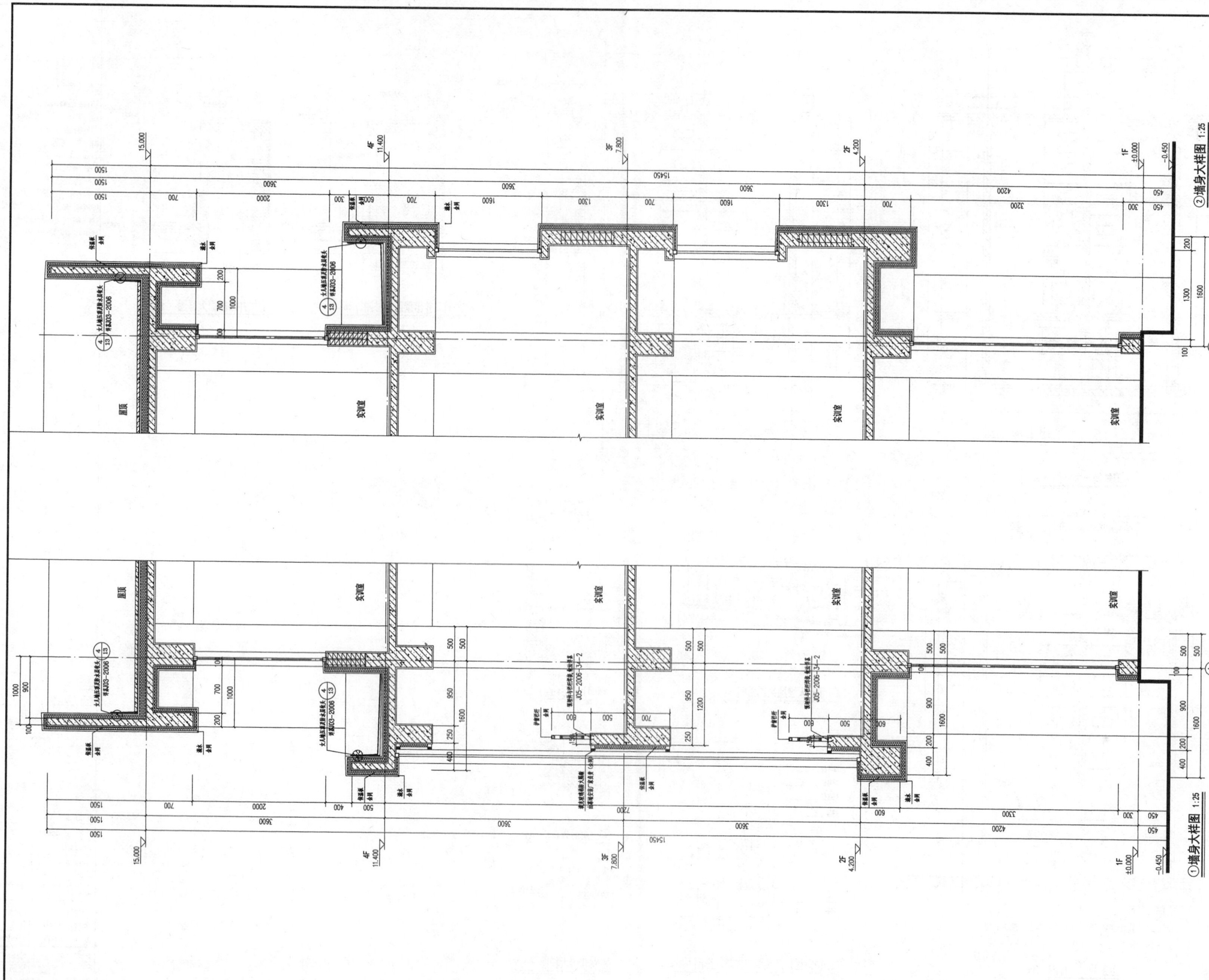

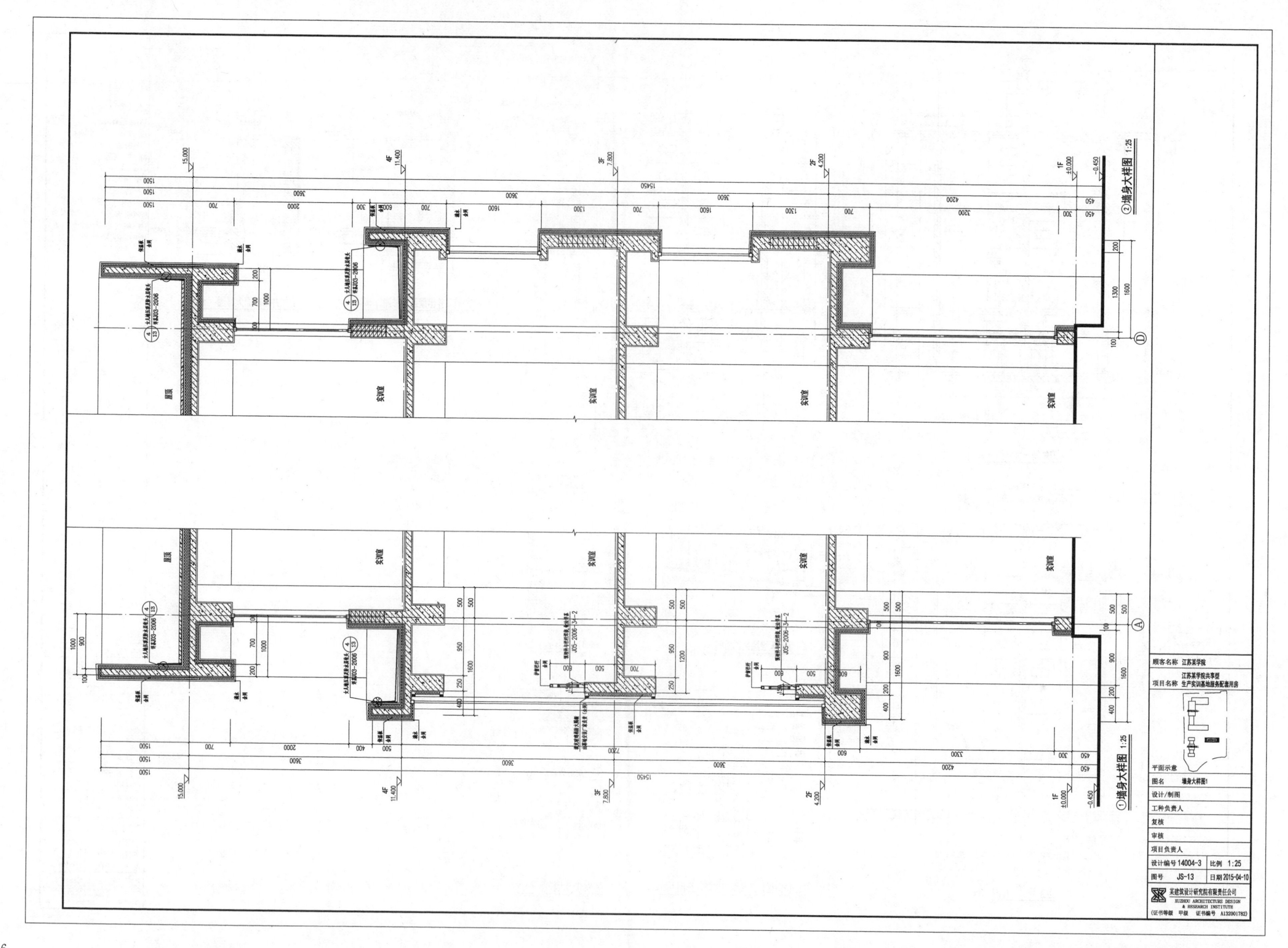

顾客名称	江苏某学院
项目名称	江苏某学院共享型 生产实训基地服务配套用房
平面示意	
图名	墙身大样图1
设计/制图	
工种负责人	
复核	
审核	
项目负责人	
设计编号 14004-3	比例 1:25
图号 JS-13	日期 2015-04-10

某建筑设计研究院有限责任公司
XUZHOU ARCHITECTURE DESIGN & RESEARCH INSTITUTE
(证书等级 甲级 证书编号 A132001782)

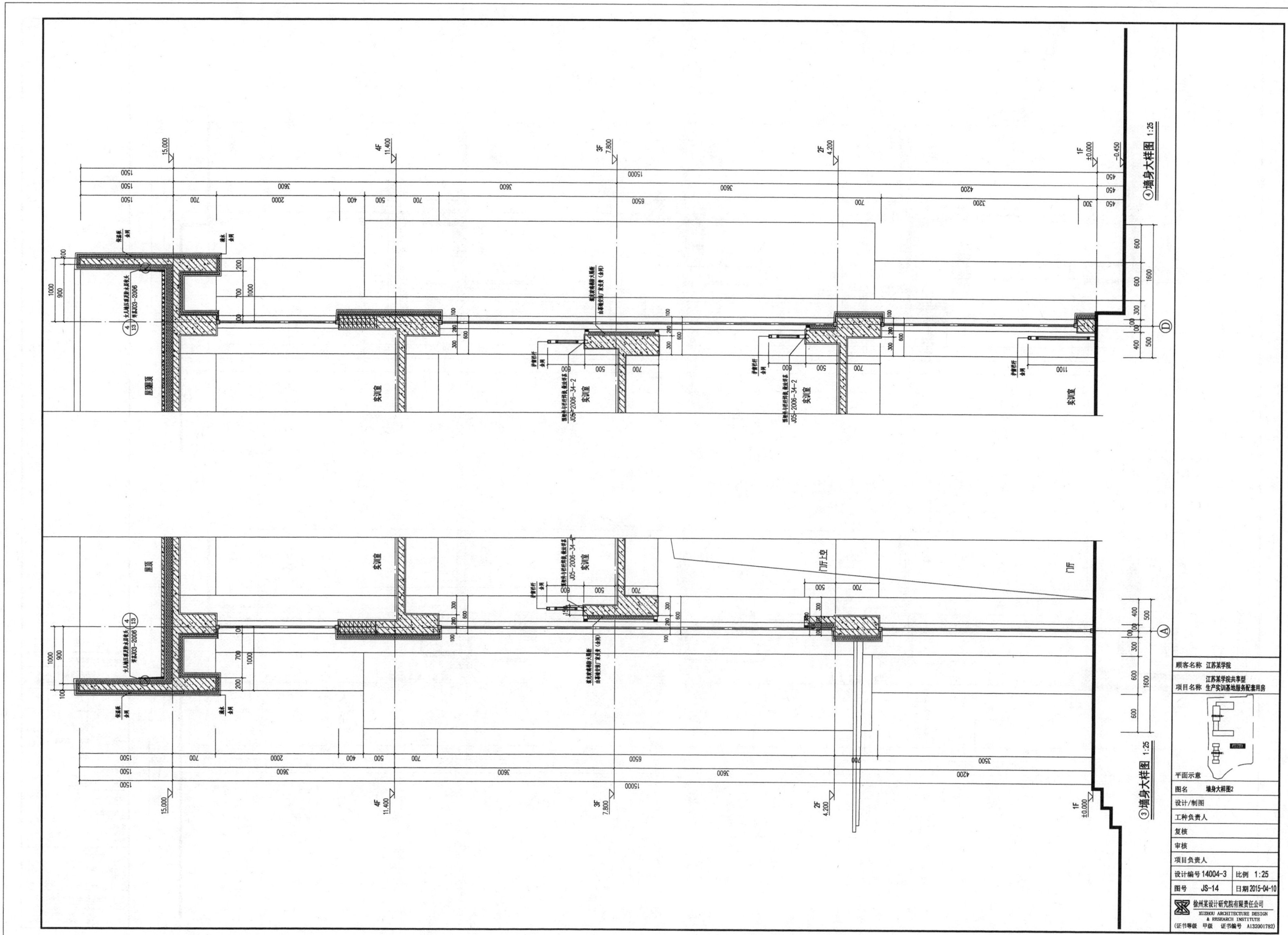
④墙身大样图 1:25
③墙身大样图 1:25
15.000
4F 11.400
3F 7.800
2F 4.200
1F ±0.000
-0.450
屋面
实训室
门厅上空
门厅
J05-2006-34-2
顾客名称 江苏某学院
项目名称 江苏某学院共享型 生产实训基地服务配套用房
平面示意
图名 墙身大样图2
设计/制图
工种负责人
复核
审核
项目负责人
设计编号 14004-3
比例 1:25
图号 JS-14
日期 2015-04-10
徐州某设计研究院有限责任公司
XUZHOU ARCHITECTURE DESIGN & RESEARCH INSTITUTE
(证书等级 甲级 证书编号 A132001782)

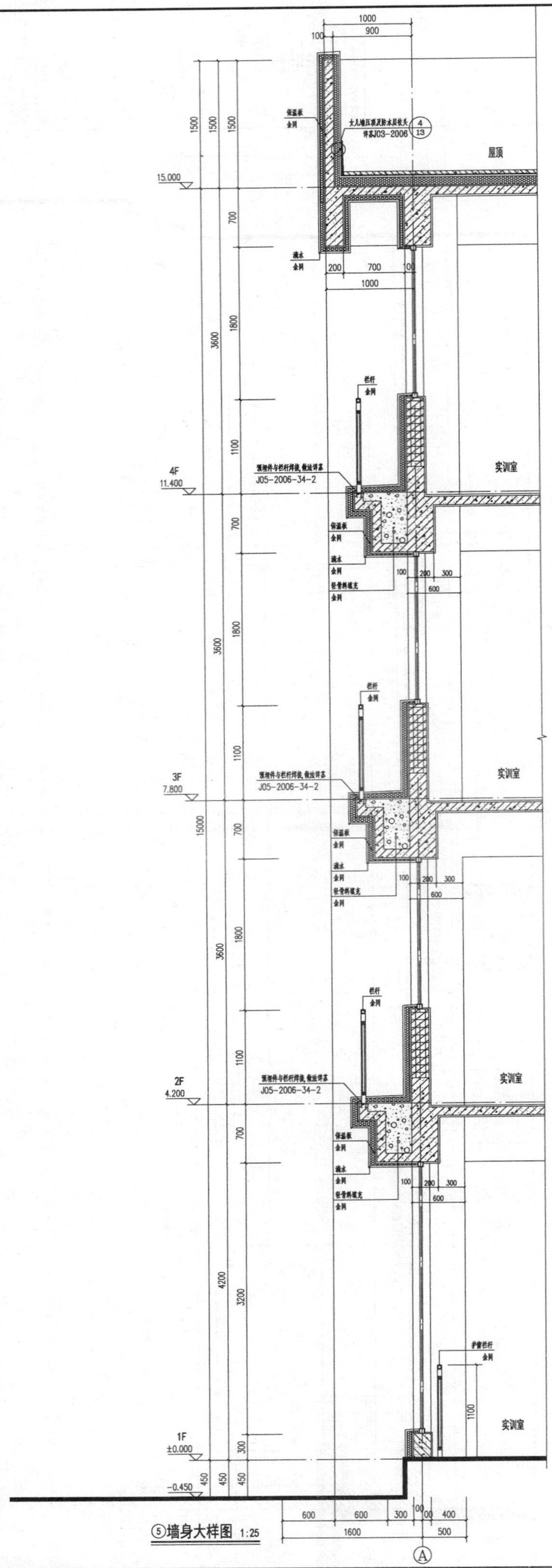

⑤墙身大样图 1:25

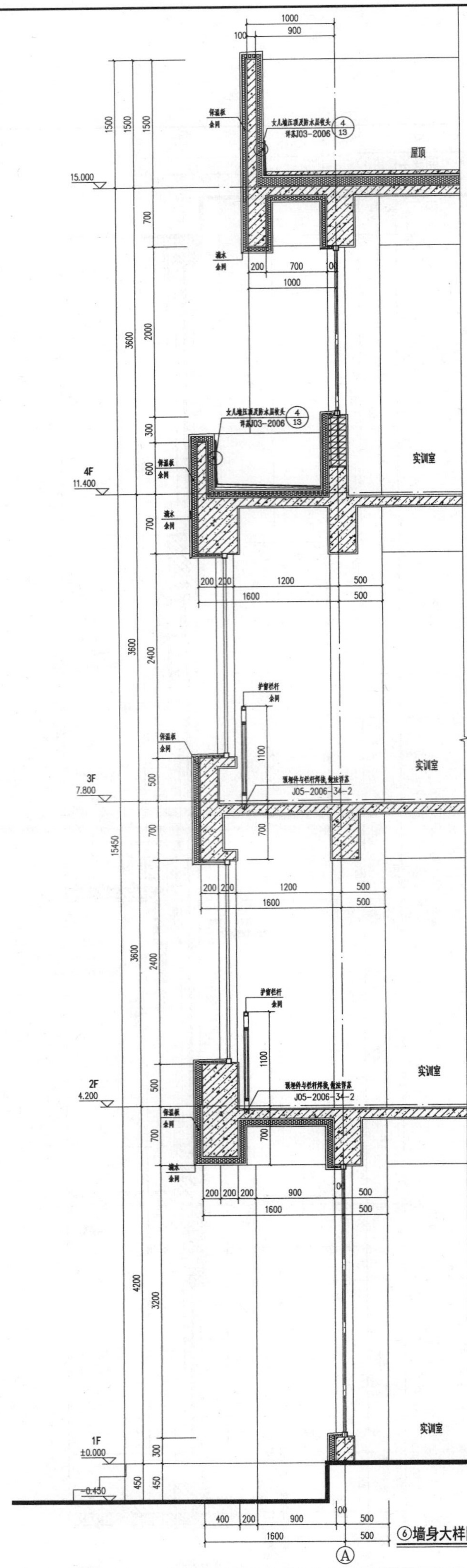

⑥墙身大样图 1:25

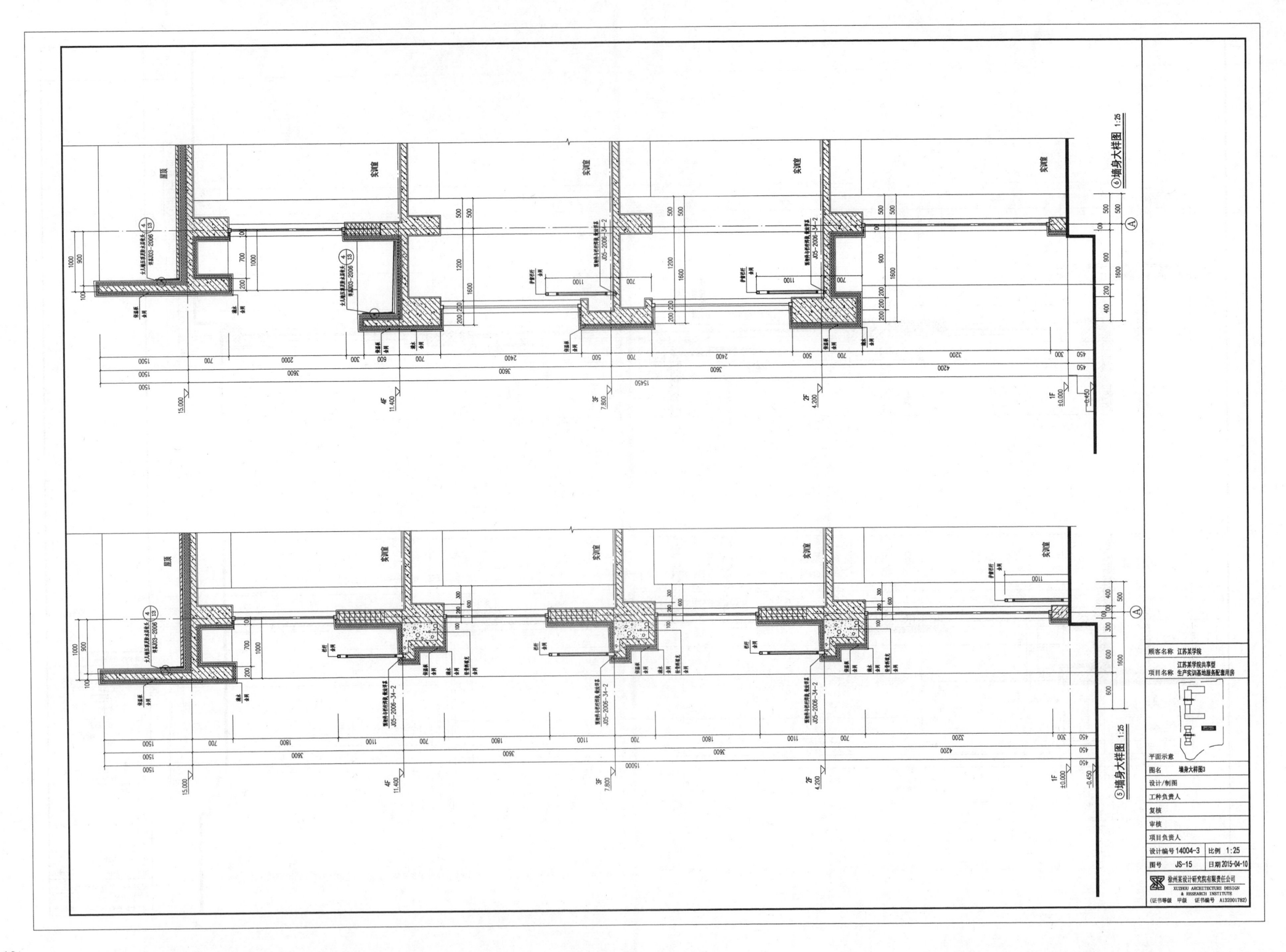

顾客名称	江苏某学院
项目名称	江苏某学院共享型 生产实训基地服务配套用房
平面示意	
图名	墙身大样图3
设计/制图	
工种负责人	
复核	
审核	
项目负责人	
设计编号 14004-3	比例 1:25
图号 JS-15	日期 2015-04-10

徐州某设计研究院有限责任公司
XUZHOU ARCHITECTURE DESIGN & RESEARCH INSTITUTE
(证书等级 甲级 证书编号 A132001782)

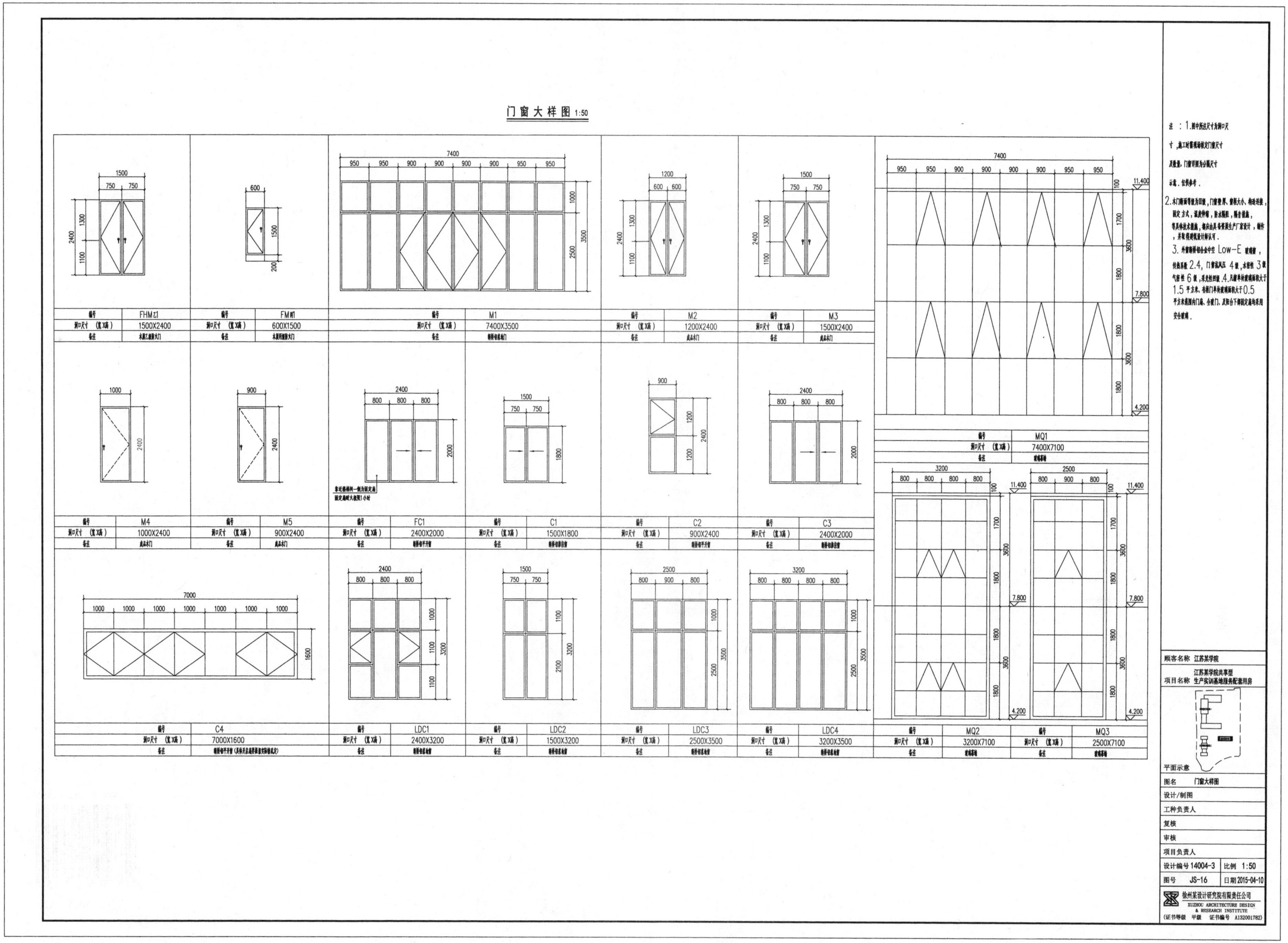
门窗大样图 1:50
编号 FHM乙1
洞口尺寸 (宽X高) 1500X2400
备注 木质乙级防火门
编号 FM丙1
洞口尺寸 (宽X高) 600X1500
备注 木质丙级防火门
编号 M1
洞口尺寸 (宽X高) 7400X3500
备注 断桥铝推拉门
编号 M2
洞口尺寸 (宽X高) 1200X2400
备注 成品木门
编号 M3
洞口尺寸 (宽X高) 1500X2400
备注 成品木门
编号 MQ1
洞口尺寸 (宽X高) 7400X7100
备注 玻璃幕墙
靠近楼梯间一侧为固定扇
固定扇耐火极限1小时
编号 M4
洞口尺寸 (宽X高) 1000X2400
备注 成品木门
编号 M5
洞口尺寸 (宽X高) 900X2400
备注 成品木门
编号 FC1
洞口尺寸 (宽X高) 2400X2000
备注 断桥铝平开窗
编号 C1
洞口尺寸 (宽X高) 1500X1800
备注 断桥铝推拉窗
编号 C2
洞口尺寸 (宽X高) 900X2400
备注 断桥铝平开窗
编号 C3
洞口尺寸 (宽X高) 2400X2000
备注 断桥铝推拉窗
编号 C4
洞口尺寸 (宽X高) 7000X1600
备注 断桥铝平开窗(具体开启扇数量实际情况定)
编号 LDC1
洞口尺寸 (宽X高) 2400X3200
备注 断桥铝落地窗
编号 LDC2
洞口尺寸 (宽X高) 1500X3200
备注 断桥铝落地窗
编号 LDC3
洞口尺寸 (宽X高) 2500X3500
备注 断桥铝落地窗
编号 LDC4
洞口尺寸 (宽X高) 3200X3500
备注 断桥铝落地窗
编号 MQ2
洞口尺寸 (宽X高) 3200X7100
备注 玻璃幕墙
编号 MQ3
洞口尺寸 (宽X高) 2500X7100
备注 玻璃幕墙
11.400
7.800
4.200
注：1.图中所注尺寸为洞口尺寸，施工时需现场核定门窗尺寸及数量，门窗详图为分隔尺寸示意，仅供参考。
2.木门断面等级为四级，门窗壁厚、窗框大小、构造连接，固定方式，温度伸缩，防水隔阻，隔音措施，等具体技术措施，都应由具备资质生产厂家设计，制作，并取得建筑设计师认可。
3.外窗断桥铝合金中空 Low-E 玻璃窗，传热系数 2.4，门窗抗风压 4 级，水密性 3 级气密性 6 级，采光性四级。4.凡窗单块玻璃面积大于 1.5 平方米、有框门单块玻璃面积大于 0.5 平方米范围内门扇、全玻门、及阳台下部固定扇均采用安全玻璃。
顾客名称 江苏某学院
项目名称 江苏某学院共享型生产实训基地服务配套用房
平面示意
图名 门窗大样图
设计/制图
工种负责人
复核
审核
项目负责人
设计编号 14004-3
比例 1:50
图号 JS-16
日期 2015-04-10
徐州某设计研究院有限责任公司
XUZHOU ARCHITECTURE DESIGN & RESEARCH INSTITUTE
(证书等级 甲级 证书编号 A132001782)

ISBN 978-7-305-24553-4
9 787305 245534 >
定价:49.80 元